LES GRANDES IDÉES SCIENTIFIQUES

SURENDRA VERMA

Traduit de l'anglais (Australie) par Julien Randon-Furling

DUNOD

L'édition originale de cet ouvrage a été publiée en 2005 en Australie par Reed New Holland, marque de New Holland Publishers, sous le titre *The Little Book of Scientific Principles, Theories, & Things.*

Illustration de couverture : Rachid Maraï

ISBN 978-2-10-052594-2

Table des matières

Comment utiliser ce livre

L'année ou la période de la découverte, suivie(s) du ou des pays concernés

Le nom courant de l'idée scientifique

Le(s) nom(s) du (des) découvreur(s), et ses (leurs) années de naissance et de décès (le cas échéant)

1827
Allemagne

La loi d'Ohm

Georg Simon Ohm (1789-1854)

Dans un conducteur, l'intensité du courant électrique est proportionnelle à la différence de potentiel.

L'idée en bref

L'explication de l'idée ou sa représentation mathématique

Sous forme mathématique, *U = RI*, *I* étant l'intensité, *U* la différence de potentiel (ou tension) et *R* une constante appelée résistance du conducteur.

Ohm publia sa loi dans un livre intitulé *Un tissu de fantaisies* : le ministre allemand de l'éducation déclara qu'« un physicien professant de telles hérésies n'était pas digne d'enseigner la science » et le renvoya. La mémoire d'Ohm est aujourd'hui honorée à travers l'unité de résistance électrique, qui porte son nom. Si nous écrivons la loi d'Ohm en remplaçant les *U*, *R* et *I* par les unités leur correspondant, cela donne : volts = ohms × ampères. Il s'agit certes d'une coïncidence, mais cette loi réunit trois savants de trois nationalités différentes – italienne, allemande et française.

La loi d'Ohm établit le lien entre tension (différence de potentiel), intensité et résistance, et donc, ce faisant, entre Volta, Ampère et Ohm.

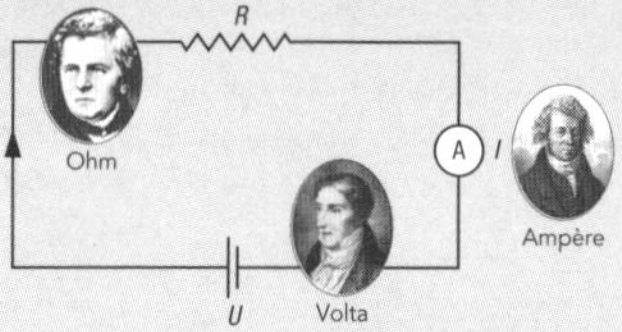

Un schéma explicatif

Voir : Le concept de courant électrique, Galvani et Volta, **p. 56 ;** La loi d'Ampère, **p. 73**

Des informations utiles et intéressantes relatives à l'idée, à son auteur, à son impact et/ou à ses applications

Un renvoi vers une autre fiche qui développe un point lié

LE THÉORÈME DE PYTHAGORE

Pythagore (~ 580-500 av. J.-C.)

Dans un triangle rectangle, le carré de l'hypoténuse est égal à la somme des carrés des deux autres côtés.

Le théorème peut aussi s'écrire sous la forme d'une loi générale : $a^2 + b^2 = c^2$, où *c* est la longueur de l'hypoténuse (le côté opposé à l'angle droit du triangle rectangle), *a* et *b* sont les longueurs des deux autres côtés. Le théorème de Pythagore est le point de départ de la trigonométrie, qui connaît de nombreuses applications pratiques, dont par exemple le calcul de la hauteur des montagnes ou celui des distances.

La légende veut que Pythagore ait un jour foulé le sol en damier d'un temple égyptien, composé de carreaux alternativement clairs ou foncés. L'ombre des piliers se découpait à l'oblique sur ces carreaux et la combinaison des ombres et des carreaux formait divers motifs géométriques. Son goût pour la géométrie l'incita à étudier ces motifs sous différents angles et le conduisit finalement à la démonstration du théorème qui porte son nom.

Pythagore fut le premier à donner son nom à ce théorème, pour autant que l'on sache, bien qu'il ne fût pas nécessairement le premier à démontrer la relation qui existe entre les côtés d'un triangle rectangle. Pas plus qu'il ne fut le premier à la découvrir – quelque 1 000 ans avant lui, les Babyloniens la connaissaient déjà. Il fut le premier à découvrir que la Terre était une sphère, découverte confirmée par Ératosthène (*cf.* p. 15).

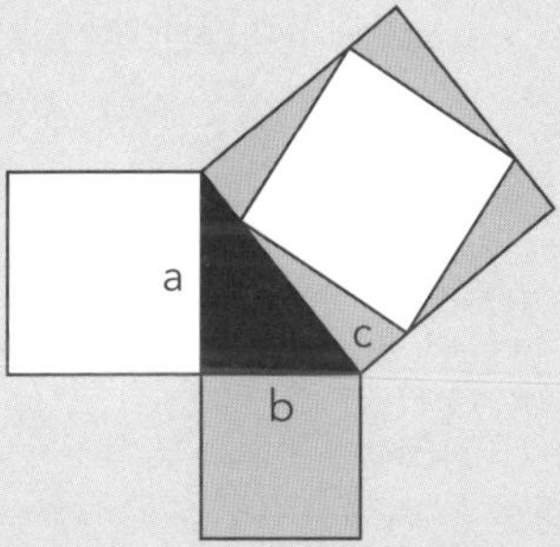

Le carré construit sur l'hypoténuse du triangle rectangle noir est égal à la somme des carrés construits sur les deux autres côtés. (Les carrés blancs ont la même taille et les quatre morceaux grisés recomposent le carré gris.)

Ve AV. J.-C.
GRÈCE

LE PARADOXE DE ZÉNON

Zénon (~ 495-430 av. J.-C.)

Le mouvement est une illusion.

Zénon imagina quatre paradoxes, tous semblant démontrer l'impossibilité du mouvement.

Le plus célèbre des paradoxes de Zénon est celui d'Achille et la tortue : de deux coureurs, le plus rapide ne peut jamais dépasser le plus lent si celui-ci s'élance en premier. Supposons qu'Achille, héros de la Guerre de Troie, réputé le coureur le plus rapide de toute l'histoire, coure dix fois plus vite qu'une tortue et que la tortue parte avec 100 m d'avance. Lorsque Achille aura parcouru 100 m, la tortue aura avancé de 10 m et aura donc toujours 10 m d'avance sur Achille. Ensuite, quand Achille aura parcouru ces 10 m, la tortue aura encore avancé de 1 m, et encore de 10 cm une fois qu'Achille aura franchi ce mètre, et ainsi de suite, à l'infini. Mathématiquement, Achille ne peut que se rapprocher indéfiniment de la tortue sans jamais la dépasser.

Les paradoxes de Zénon étaient fondés sur l'hypothèse que l'espace et le temps sont divisibles à l'infini ; c'est-à-dire que la somme d'un nombre infini de nombres est toujours infinie. Bien que spécieux, ces paradoxes ne trouvèrent pas de solution avant deux millénaires. Ce ne fut qu'au XVIIe siècle que le mathématicien écossais James Gregory démontra qu'en additionnant un nombre infini de nombres l'on peut obtenir un nombre fini. C'est ce qui se produit lorsque la différence entre deux nombres consécutifs devient de plus en plus petite au fil de la série, série qui est alors dite convergente. La course entre Achille et la tortue n'est pas constituée d'un certain nombre de petites distances : elle est continue du début à la fin et, bien sûr, Achille gagnera la course, pour peu que celle-ci fasse plus de 111,9 mètres.

DÉMOCRITE
ET LA THÉORIE ATOMIQUE

Démocrite (~ 460-370 av. J.-C.)

La matière est constituée de vide et d'un nombre infini de particules minuscules et invisibles appelées atomos ou atomes.

Démocrite fonda probablement sa théorie atomique sur les idées d'autres philosophes grecs plus anciens. Elle n'en constitua pas moins la première tentative d'explication scientifique de la nature de la matière même si bon nombre des hypothèses de Démocrite ont été infirmées.

Démocrite, sans doute le plus grand des premiers philosophes de la nature grecs, suggéra également que les atomes ne pouvaient être divisés indéfiniment en parties plus petites et qu'il était impossible de créer de la matière. Il affirma que les atomes étaient toujours en mouvement et que, en se mouvant ainsi, ils entraient en collision avec d'autres atomes : alors, tantôt ils se soudaient ensemble, tantôt ils rebondissaient. Le poète romain Lucrèce (~ 99-55 av. J.-C.) visualisa ces atomes en les munissant de petits crochets susceptibles de les maintenir accrochés les uns aux autres.

Nous connaissons très peu de chose de la vie de Démocrite, mais nous savons tout de sa théorie atomique grâce à l'ouvrage de Diogène Laërce datant du IIe siècle apr. J.-C., *Vies, doctrines et sentences des philosophes illustres*. Laërce dresse une liste de 73 livres écrits par Démocrite, dont seuls des fragments ont survécu. On attribue à Démocrite la phrase : « Je préférerais être l'auteur d'une découverte scientifique plutôt que roi de Perse. »

Le grand philosophe grec Aristote (384-322 av. J.-C.) rejeta la théorie atomique de Démocrite et affirma que la matière était totalement uniforme et continue. L'influence d'Aristote fut extraordinaire et, bien que sa conception de la matière fût essentiellement fausse, elle prévalut durant près de vingt siècles avant d'être remplacée par la théorie atomique de Dalton (*cf.* p. 65) en 1808.

V^e^-IVe av. J.-C.
Grèce

Le corpus d'Hippocrate

Hippocrate (~ 460-377 av. J.-C.)

Une soixantaine d'écrits médicaux constituent ce que l'on appelle le corpus d'Hippocrate.

Ce corpus est le texte scientifique occidental le plus ancien qui nous soit parvenu. Bien que les traitements qu'il recense soient aujourd'hui considérés comme « imaginatifs », sa langue est bien celle de la science : il n'y est question ni de sorts, ni de démons, ni de dieux.

Si Hippocrate (connu dans le monde musulman sous le nom de Buqrat) est aujourd'hui présenté comme le père de la médecine, nous savons peu de chose de lui. Contemporain de Socrate, il vécut sur l'île de Cos. Celse, un médecin encyclopédiste du Ier siècle apr. J.-C., le décrit comme *primus ex omnibus memoria dignis* (le premier médecin méritant de passer à la postérité).

La médecine d'Hippocrate se fondait sur l'équilibre de quatre éléments – l'Eau (froide et humide), l'Air (humide et chaud), le Feu (chaud et sec) et la Terre (froide et sèche) – et de quatre humeurs (les fluides corporels) – le flegme (ou lymphe), le sang, la bile jaune et l'atrabile (ou bile noire). Dès lors, l'état de maladie correspondait à un déséquilibre. Si, par exemple, la maladie relevait d'un excès d'humeurs froides et humides, alors la tâche du médecin était de restaurer l'équilibre. Les médecins ne pratiquent plus la médecine d'Hippocrate, mais son nom est honoré à travers le serment que prêtent tous les étudiants en médecines au sortir de leur formation. Hippocrate exigeait en effet de ses élèves qu'ils jurent de pratiquer la médecine en accord avec certaines règles éthiques.

Les postulats d'Euclide

Euclide (~ 325-265 av. J.-C.)

(1) Entre deux points quelconques, on peut conduire un segment de droite. (2) Un segment de droite peut être prolongé indéfiniment d'un côté comme de l'autre. (3) D'un point quelconque, et avec un intervalle quelconque, on peut décrire la circonférence d'un cercle. (4) Tous les angles droits sont égaux. (5) Si une droite, tombant sur deux droites, fait les angles intérieurs du même côté plus petits que deux droits, ces droites, prolongées à l'infini, se rencontreront du côté où les angles sont plus petits que deux droits. (Ou : deux droites parallèles ne se croisent jamais.)

Ces cinq postulats forment la base de la géométrie euclidienne. De nombreux mathématiciens ne considèrent pas le cinquième postulat (celui des droites parallèles) comme un véritable postulat, mais plutôt comme un théorème que l'on peut démontrer à partir des quatre premiers postulats. Les éléments de la géométrie euclidienne sont toujours enseignés à l'école.

Les Éléments d'Euclide est l'un des manuels les plus lus de tous les temps. Il demeura le manuel standard jusqu'à la découverte d'autres formes de géométries telles que la géométrie analytique cartésienne, au XVIIe siècle. Nous ne connaissons presque rien de la vie d'Euclide. Il étudia à Athènes puis travailla à Alexandrie sous le règne de Ptolémée Ier. Deux anecdotes célèbres se rapportent à lui. Ptolémée demanda un jour à Euclide s'il existait une manière plus rapide d'apprendre la géométrie que d'en étudier tous les théorèmes. Euclide répondit : « Il n'existe pas de voie royale vers la géométrie. » Selon une autre anecdote, l'un de ses étudiants se plaignit, comme le font souvent les étudiants, que l'étude de la géométrie était inutile – elle n'avait aucune valeur pratique. Euclide ordonna à un esclave de donner une pièce à l'étudiant en question, de telle sorte que celui-ci tirât profit de l'étude de la géométrie.

Les Éléments d'Euclide commencent par 23 définitions (entre autres celles d'un point, d'une droite, d'un cercle et d'un angle droit), cinq postulats et cinq « notions communes ». À partir de ces fondations, Euclide démontre 465 théorèmes. Un postulat (ou un axiome) affirme la véracité d'une assertion et/ou sert de base à une démonstration. Un théorème est une assertion démontrée, c'est-à-dire conforme à des contraintes logiques.

Les « notions communes » d'Euclide n'ont pas trait à la seule géométrie, elles sont d'élégantes assertions de logique :

1) Deux grandeurs toutes deux égales à une même troisième sont égales entre elles.

2) Si à des grandeurs égales, on ajoute des grandeurs égales, les touts seront égaux.

3) Si de grandeurs égales, on retranche des grandeurs égales, les restes seront égaux.

4) Les grandeurs qui s'adaptent entre elles sont égales.

5) Le tout est la plus grande partie.

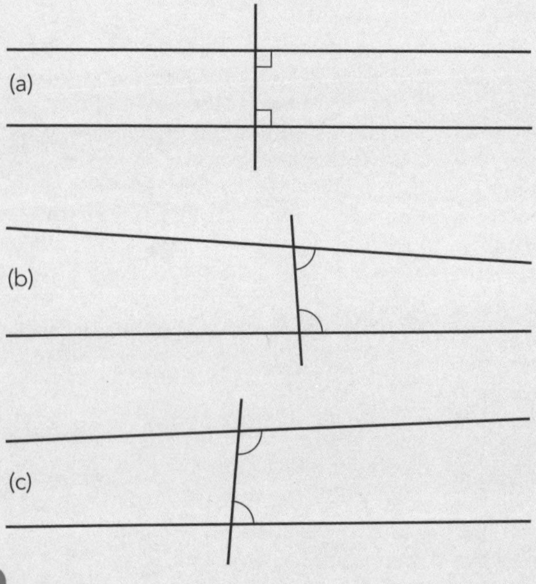

Le postulat des parallèles d'Euclide : deux droites parallèles ne se rencontrent jamais (a), mais si la somme des angles intérieurs est inférieure à deux droits, les lignes droites se rencontreront (b et c).

Le principe d'Archimède

Archimède (~ 287-212 av. J.-C.)

Un corps entièrement immergé dans un fluide (liquide ou gaz) connaît en apparence une perte de poids égale à celui du fluide déplacé.

Hiéron, tyran de Syracuse en Sicile, proposa un jour à Archimède un défi. Pouvait-il confirmer ses soupçons selon lesquels la nouvelle couronne réalisée par son orfèvre n'était pas d'or pur mais d'un alliage d'or et d'argent, moins cher et plus léger ?

Archimède, dit-on, réfléchit au problème dans son bain. Il remarqua deux choses. Premièrement, le niveau de l'eau montait quand il entrait dans la baignoire, son corps prenant la place d'une partie de l'eau. Deuxièmement, il se sentait plus léger dans l'eau. Son brillant esprit fit le lien entre ces deux observations. S'il se sentait plus léger, c'était parce que son corps déplaçait de l'eau : plus le volume d'eau déplacé était grand, plus il se sentait léger.

Il tenait la réponse à la question de Hiéron. Comparée à une masse égale d'or pur, la couronne d'or et d'argent serait plus volumineuse, puisque l'argent est moins dense que l'or. Ainsi, bien que l'or pur et la couronne d'alliage aient le même poids dans l'air, cette dernière pèserait moins lourd dans l'eau que l'or pur, car elle déplacerait un plus grand volume d'eau : seule une couronne d'or pur aurait un poids égal.

La légende veut que le grand homme, ravi de sa découverte, ait sauté de sa baignoire et couru nu à travers la ville en s'écriant « Eurêka ! » (« J'ai trouvé ! »). L'expérience montra que l'or de la couronne avait été corrompu.

Le principe d'Archimède explique pourquoi les choses flottent. Si un objet est moins dense que le fluide qui l'entoure (s'il pèse moins qu'un volume égal de ce fluide), il flottera, puisque sa perte apparente de poids sera supérieure à son poids dans l'air. S'il est plus dense que le fluide, cette perte sera moindre et il coulera.

IIIe av. J.-C.
Syracuse

π

Archimède (~ 287-212 av. J.-C.)

Tous les cercles sont similaires et le rapport de la circonférence au diamètre d'un cercle est toujours égal au même nombre, à savoir la constante π (pi).

Tout comme la racine carrée de 2, π est un nombre irrationnel : il faut une succession infinie de chiffres pour l'écrire sous forme numérique. Il est impossible d'écrire la valeur exacte de π; cependant, on peut s'approcher de cette valeur avec n'importe quelle précision.

La plus ancienne référence au rapport de la circonférence d'un cercle à son diamètre figure dans un papyrus égyptien écrit en 1650 av. J.-C., mais c'est Archimède qui en calcula le premier la valeur la plus précise, comprise entre 3,141 et 3,142; un résultat exact à deux chiffres après la virgule. Au XVIIIe siècle, le mathématicien suisse Leonhard Euler fut le premier à utiliser la lettre π, en référence au terme grec signifiant périmètre, pour désigner ce rapport.

Même pour la conception d'un satellite, seules les quelques premières décimales de π suffisent, mais certains mathématiciens adorent calculer la valeur de π. En 2002, Yasumasa Kanada (né en 1948) de l'université de Tokyo a utilisé un supercalculateur à cette fin. Il aura fallu 602 heures à cet ordinateur doté d'une mémoire de 1 024 gigaoctets pour calculer la valeur à 124 100 000 000 de chiffres après la virgule.

$\pi = 3.141592653589793238462643383279502884197169399375105820974944592307816406286208998628...$

La circonférence de la Terre

Ératosthène (~ 276-194 av. J.-C.)

À midi le jour du solstice d'été, le soleil est exactement à la verticale de Syène (aujourd'hui Assouan) et les ombres disparaissent ; au même moment, à Alexandrie, les rayons du soleil arrivent sous un certain angle et les ombres ont une longueur mesurable.

C'est ce qu'Ératosthène utilisa pour calculer la circonférence de la Terre.

Ératosthène raisonna en ces termes : puisque la surface de la Terre est courbe, il en résulte que l'angle formé par les rayons du soleil avec le sol est différent selon la localisation géographique. À l'aide d'instruments géométriques simples, il trouva que l'angle des rayons du soleil relevé à midi à Alexandrie était de 7,2°, soit un cinquantième de 360°. Connaissant la distance entre les deux villes, il put calculer la circonférence de la Terre, égale à 50 fois cette distance. La valeur d'Ératosthène, 39 350 km est très proche de la valeur moyenne réelle, 40 033 km – impressionnante réussite !

Ératosthène était un savant versatile : astronome, mathématicien, géographe, historien, critique littéraire et poète. On le surnommait « Bêta » (la deuxième lettre de l'alphabet grec), car en toute discipline il était considéré comme le deuxième meilleur.

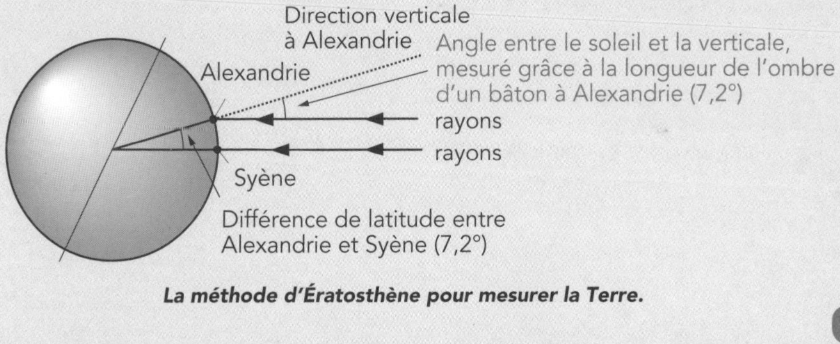

La méthode d'Ératosthène pour mesurer la Terre.

~ 150
APR. J.-C.
ALEXANDRIE

LE MODÈLE GÉOCENTRIQUE DE PTOLÉMÉE

Claude Ptolémée (~ 100-170 apr. J.-C.)

La Terre est au centre du cosmos.

Cette croyance erronée domina l'astronomie pendant quatorze siècles.

« La Terre ne tourne pas ; si c'était le cas, les objets seraient éjectés de sa surface comme la boue d'une roue en rotation. Elle demeure au centre de tout car c'est là sa place naturelle – elle n'a tendance à aller ni d'un côté, ni de l'autre. Autour d'elle et sur des sphères de plus en plus grandes orbitent la Lune, Mercure, Vénus, le Soleil, Mars, Jupiter et Saturne, le mouvement de ces corps dérivant de l'immense et dernière sphère, celle des étoiles fixes » écrit Ptolémée dans son livre, l'*Almageste*, où il réalise la synthèse des travaux de ses prédécesseurs.

L'éminence, l'importance et l'influence de l'*Almageste* ne sont comparables qu'à celles des *Éléments* d'Euclide (*cf.* page 11). Une part importante de l'*Almageste* (mot dérivé de l'arabe signifiant « la plus grande ») est consacrée aux mathématiques du mouvement planétaire. Ptolémée expliquait les mouvements des planètes par un système compliqué de cycles et d'épicycles, qui empoisonna la vie des astronomes pendant des siècles.

« Si le Seigneur Tout Puissant m'avait consulté avant d'entreprendre la Création, je Lui aurais recommandé quelque chose de plus simple », déclara Alphonse le Sage, roi de Castille au XIIIe siècle et grand mécène des astronomes. La théorie de Ptolémée fut remise en question par Copernic (*cf.* page 19) et mise à terre par Kepler (*cf.* page 23). Ptolémée adhérait à l'opinion d'Ératosthène, selon laquelle la Terre était ronde, ce qui encouragea Christophe Colomb à entreprendre ses voyages.

Les nombres de Fibonacci

Leonardo Pisano (dit Fibonacci)
(~ 1170-1250)

Suite numérique dans laquelle chaque terme est la somme des deux qui le précèdent. Par exemple : 1, 1, 2, 3, 5, 8, 13, 21, 34, 55, 89, 144…

La suite s'appelle « suite de Fibonacci » et ses termes « nombres de Fibonacci ».

La suite de Fibonacci possède beaucoup de propriétés mathématiques intéressantes. Par exemple, le rapport de termes successifs (le plus grand sur le plus petit : $^1/_1$, $^2/_1$, $^3/_2$, $^5/_3$, $^8/_5$…) tend vers 1,618 : le nombre d'or, désigné par la lettre grecque phi (Φ). Phi était connu des Grecs anciens et les architectes utilisaient le rapport $^1/\Phi$ dans leurs créations, la plus célèbre étant le Parthénon d'Athènes. Étrangement, phi apparaît aussi dans la nature. Le nombre de pétales d'une fleur est souvent un nombre de Fibonacci (regardez aussi le nombre de fleurs d'un chou-fleur). Les graines d'un tournesol s'ordonnent en deux spirales. Le rapport du nombre de graines dans les deux spirales est égal à phi – de même que le rapport entre votre taille et la longueur entre votre nombril et le bout de vos pieds.

Durant ses voyages en Afrique du Nord, Fibonacci découvrit le système de numération décimale développée en Inde et repris par les Arabes. C'est lui qui introduisit, dans son livre *Liber Abaci* (1202), la numération arabe en Europe, numération que nous utilisons encore aujourd'hui.

Le rasoir d'Ockham

Guillaume d'Ockham (1285-1349)

Il ne faut pas multiplier les entités sans nécessité.

Ce principe de parcimonie exige qu'entre deux explications des mêmes faits, la plus simple soit préférée.

Guillaume, philosophe et théologien, était originaire d'Ockham, un village situé à une quarantaine de kilomètres au sud-ouest de Londres. Il rejoignit dans sa jeunesse la communauté franciscaine et étudia à Oxford, où il enseigna ensuite de 1317 à 1319. Dans le grand centre intellectuel franciscain qu'était alors Oxford, Guillaume devint la figure d'une école de philosophie appelée « nominalisme ».

Aujourd'hui, c'est pour son principe de parcimonie qu'il est le plus connu, principe surnommé « rasoir d'Ockham » et qui revêt une importance vitale en philosophie des sciences. L'interprétation moderne de ce principe le donne comme signifiant que, en présence de deux théories concurrentes produisant exactement les mêmes prédictions, celle qui est la plus simple est la meilleure. En d'autres termes, l'explication nécessitant le moins d'hypothèses est celle qui a le plus de chances d'être correcte. Dans la même veine, on trouve la traditionnelle recommandation aux programmeurs en informatique : *keep it simple, stupid (KISS).* Enfin, il nous faut aussi citer Einstein :

> *Tout doit être rendu aussi simple que possible, mais pas plus.*

LE SYSTÈME COPERNICIEN

Nicolas Copernic (1473-1543)

Le soleil est au centre du système solaire, fixe et immobile, et les planètes se meuvent suivant des orbites parfaitement circulaires dans l'ordre suivant : Mercure, Venus, la Terre et sa Lune, Mars, Jupiter et Saturne.

Le système copernicien vint défier le dogme selon lequel la Terre était au centre de l'univers, et mit en avant une nouvelle théorie basée sur un univers héliocentrique.

Non seulement Copernic plaça le Soleil au centre du système solaire, mais il donna également une description précise des mouvements de la Terre, de la Lune et des autres planètes connues à l'époque. Il dit que la Terre tournait elle aussi sur son axe, ce qui expliquait l'alternance du jour et de la nuit.

Copernic avait touché juste, mais la tâche serait ardue pour en convaincre le reste du monde. Il ne publia pas ses découvertes, car elles étaient considérées comme contraires aux enseignements de l'église. Les autorités religieuses de l'époque étaient contre lui. Martin Luther (fondateur de l'église luthérienne, en Allemagne) le désigna comme « un nouvel astrologue, [...] un fou » qui voulait « renverser l'astronomie ». Son livre *De Revolutionibus Orbium Cœlestium* (*Des révolutions des orbes célestes*) fut publié à la toute fin de sa vie, et un exemplaire déposé sur son lit de mort. Ainsi, le plus grand astronome de son époque mourut sans voir son œuvre imprimée – un livre qui, avec les *Principia* (*cf.* pages 38 et 40) et *L'origine des espèces* de Darwin (*cf.* page 98) compte parmi les plus grands produits du génie scientifique.

Voir : La représentation de Galilée du système solaire, **p. 28**

1577
DANEMARK

LA THÉORIE DE BRAHE :
LES CIEUX CHANGEANTS

Tycho Brahe (1546-1601)

Les cieux sont changeants, et les comètes se déplacent dans l'espace. La Terre est au centre de l'univers, et autour d'elle tourne la Lune et le Soleil. Les planètes tournent autour du Soleil.

Jusque-là, on croyait que les planètes étaient emportées par le mouvement de sphères enchâssées les unes dans les autres.

Brahe n'adhérait pas à la doctrine copernicienne (*cf.* page 19) et acceptait le dogme de l'immobilité de la Terre. Sa véritable contribution à l'astronomie fut du point de vue de l'observation plutôt que de la théorie. Il releva avec précision les positions de 777 étoiles, un accomplissement d'autant plus remarquable qu'il fut réalisé sans télescope. Il releva également les mouvements des planètes, mais ne put déterminer leurs orbites. Ses observations ouvrirent la voie aux découvertes de son assistant, Kepler (*cf.* page 23), qui hérita après sa mort de l'ensemble des données accumulées par Brahe sur les mouvements planétaires.

Ses observations de la supernova (une étoile qui explose) de 1572 et de la comète de 1577 le convainquirent du caractère changeant de l'univers, contrairement à la croyance, répandue parmi les philosophes de l'époque, en un univers immuable. La notion de sphères célestes n'était pas admissible, parce que les comètes traversaient les sphères. Mais Brahe plaçait toujours la Terre au centre de l'univers. Son contemporain, le philosophe italien Giordano Bruno (1548-1600), croyait, lui, au système copernicien héliocentrique : il périt sur le bûcher.

La théorie du magnétisme de Gilbert

William Gilbert (1544-1603)

L'aiguille d'une boussole se dirige vers les pôles magnétiques de la Terre, qui se comporte comme un aimant géant. L'aiguille s'inclinera différemment selon la latitude, mais pointera toujours vers le Pôle Nord.

Jusqu'à ce que Gilbert propose sa théorie, un aimant était une pierre bien mystérieuse pour les scientifiques. Certains pensaient même que l'aiguille d'une boussole pointait vers les cieux.

En 1600, Gilbert publia un livre, *De Magnete*, dans lequel il décrivait des observations et des expériences importantes concernant le magnétisme et l'électricité statique. Il démontra que la Terre était un aimant et montra que l'on pouvait aimanter une barre de fer en la forgeant dans le sens nord-sud. Il découvrit également que si l'on coupe un aimant en deux, chacune des moitiés devient un aimant.

Gilbert observa aussi que frottés avec une certaine substance, l'ambre et nombre d'autres éléments acquéraient un étrange pouvoir d'attraction. Il nomma ces substances « électriques » (du terme grec *elektron*, signifiant ambre). Il inventa également un appareil électrique, l'ancêtre de l'électroscope, pour mener des expériences sur les propriétés électriques de diverses substances.

Gilbert réalisait toujours ses expériences avec beaucoup de soin, et notait chacune de ses observations. *De Magnete*, brillant exposé des nouvelles méthodes scientifiques, est souvent considéré comme la première grande œuvre scientifique en langue anglaise. Un an après la parution de son livre, Gilbert fut nommé médecin de la cour auprès de la Reine Elisabeth Ire.

1603
ALLEMAGNE

L'ÉTOILE DE BETHLÉEM

Johannes Kepler (1571-1630)

L'étoile de Bethléem était une conjonction (plusieurs planètes très proches les unes des autres dans le ciel) de Jupiter et Saturne dans le ciel vespéral.

Kepler fut le premier à rapprocher l'étoile de Noël d'un événement précis et daté.

L'étoile de Bethléem, qui guida les trois rois mages jusqu'au lieu de la naissance de Jésus appartient à la symbolique habituelle de Noël. Depuis deux millénaires, astronomes, théologiens, croyants et sceptiques examinent l'histoire de cette étoile qui est censée avoir marqué le début de l'ère chrétienne.

En décembre 1603, la conjonction de Jupiter et Saturne intrigua Kepler. Avec la patience et la précision qui le caractérisaient, il entreprit de calculer les positions de ces planètes au moment de la naissance de Jésus. Ses calculs montrèrent que Jupiter et Saturne s'étaient trouvées trois fois en conjonction en l'an 7 av. J.-C. : le 27 mai, le 5 octobre et le 1er décembre.

Les détracteurs de cette théorie insistent sur le fait que la Bible se réfère explicitement à une étoile, et non pas à une planète ou un couple d'étoiles. D'autres théories viennent également concurrencer celle de Kepler, qui présente l'étoile de Bethléem comme : 1) la planète Vénus, 2) une supernova ou 3) une comète. Y eut-il d'ailleurs réellement une nouvelle étoile – une lumière sacrée – qui guida les trois rois mages jusqu'à l'étable de Bethléem ? Ou bien s'agit-il juste d'un mythe mis en avant par d'ardents partisans ?

Voir : Les lois de Kepler, **p. 23**

Les lois de Kepler

Johannes Kepler (1571-1630)

1re loi : Les planètes se meuvent sur des orbites elliptiques dont le Soleil occupe l'un des foyers. 2e loi : La ligne droite joignant le Soleil à une planète balaie des aires égales en des durées égales. 3e loi : Les carrés des périodes orbitales des planètes sont proportionnels aux cubes de leur distance moyenne au Soleil.

Les relevés modernes des orbites des planètes montrent qu'elles ne suivent pas exactement ces lois; cependant, leur genèse continue d'être considérée comme une étape majeure de la science.

Les deux premières lois furent publiées en 1609 et la troisième en 1619. Leur publication évacua définitivement les cycles et les épicycles de Ptolémée (p. 16). La foi ardente de Kepler dans le système copernicien (p. 19) – « Non seulement le Soleil est au centre de l'univers, mais il en est l'esprit moteur », affirmait-il – lui valut la défiance des autorités religieuses et d'être qualifié de fou par la population.

Kepler était un génie versatile qui, outre la découverte de ces trois lois, établit des tables de la position des étoiles, développa le télescope astronomique, travailla sur le calcul infinitésimal et les logarithmes, fonda l'optique géométrique, étudia l'anatomie de l'œil humain, expliqua les marées et écrivit en latin le premier récit de science-fiction, « *Somnium* », dans lequel il imaginait la construction d'un vaisseau capable de naviguer sur les océans de l'espace à travers l'univers.

Voir : L'étoile de Bethléem, **p. 22**

1620
ANGLETERRE

BACON ET LA MÉTHODE SCIENTIFIQUE

Francis Bacon (1561-1626)

Les lois scientifiques doivent être fondées sur l'observation et l'expérience.

Bacon rejeta l'approche déductive, ou démarche *a priori*, d'Aristote, et proposa une approche inductive, *a posteriori*. Bacon découvrit l'outil le plus important de toute la science : la méthode scientifique, mais il ne fit lui-même aucune découverte scientifique significative. « Je me contenterai d'éveiller de meilleurs esprits, comme un sonneur de cloches, qui est le premier levé pour appeler les autres à l'église », écrivit-il un jour à un ami. Le carillon de Bacon tinte toujours.

Bacon, philosophe, défendit une nouvelle méthode de recherche, totalement différente des méthodes philosophiques des Grecs anciens, dans son livre *Novum Organum*, qui exerce son influence sur chaque scientifique depuis sa parution en 1620. Voici l'essence de sa méthode : recueillir des masses de données à travers l'observation et l'expérience, analyser ces données en tabulant les manifestations positives, négatives et variables du phénomène, formuler des hypothèses à partir de ces éléments, recueillir de nouveaux éléments et progresser vers une théorie plus générale. L'aspect le plus important de cette méthode était l'idée de formuler des hypothèses à partir des données disponibles avant de les vérifier par de nouvelles investigations. « Une philosophie de la nature vraie et riche possède une double échelle, montante et descendante : montant des expériences vers les axiomes et descendant des axiomes vers l'invention de nouvelles expériences », écrivait-il dans son *Novum Organum*.

Voir : La méthode scientifique, **p. 202**

LA LOI DE SNELL-DESCARTES

Willebrord von Roijen Snell (1580-1626)

Lors de la réfraction de la lumière, le rapport entre les sinus des angles d'incidence (i) et de réfraction (r) est une constante égale à l'indice de réfraction du milieu.

Cela s'écrit : $n_1 \cdot \sin i = n_2 \cdot \sin r$ où n_1 et n_2 sont les angles de réfraction respectifs des deux milieux. L'indice de réfraction d'une substance est une mesure de sa propension à dévier les rayons lumineux. Plus ce nombre est élevé et plus la lumière est réfractée. Par exemple, l'indice de réfraction du diamant, 2,42, est le plus élevé parmi toutes les gemmes.

La réfraction est le changement de direction d'un rayon lumineux lorsqu'il traverse la frontière entre deux milieux. Ceci survient parce que la lumière se propage à des vitesses différentes dans des milieux différents. Un rayon lumineux qui pénètre dans un milieu dans lequel la vitesse de la lumière est moins grande (par exemple en passant de l'air vers l'eau) se rapproche de la perpendiculaire à la frontière entre les deux milieux (*cf.* diagramme). Et la lumière s'écarte de la perpendiculaire quand elle passe de l'eau vers l'air. Les Grecs de l'Antiquité connaissaient la réfraction, mais Snell, un mathématicien néerlandais, fut le premier à l'étudier. Descartes suivit peu après, indépendamment, en 1637. La réfraction est à la source de nombreuses illusions d'optique, telle celle faisant apparaître tordu un bâton partiellement immergé dans l'eau.

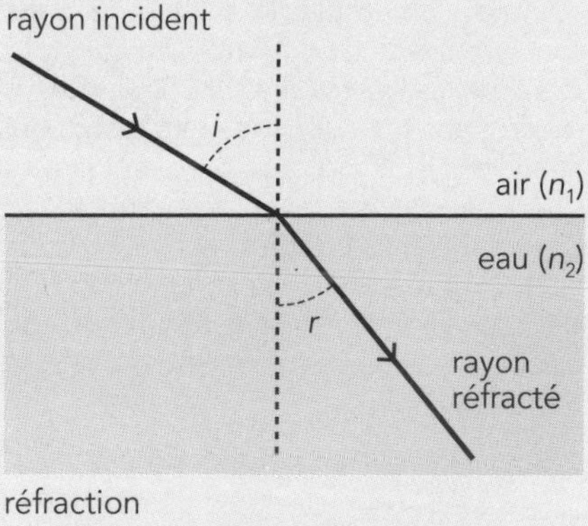

Déviation d'un rayon lumineux passant de l'air à l'eau.

1628
ANGLETERRE

HARVEY ET LA CIRCULATION DU SANG

William Harvey (1578-1657)

Le cœur est une pompe musculaire. Il propulse le sang à travers le corps via les artères ; le sang revient ensuite au cœur via les veines.

Nous considérons cela comme une évidence aujourd'hui, mais jusqu'à l'époque de Harvey, les gens n'avaient pas connaissance de la circulation du sang ; ils croyaient que le sang se formait dans le foie, traversait le septum (la paroi) du cœur et était ensuite absorbé par le corps.

Quand Harvey publia sa théorie dans son livre *Exercitatio Anatomica de Motu Cordis et Sanguinis in Animalibus*, elle fut rejetée par ses collègues médecins, qui soutinrent que ses idées n'avaient jamais guéri un seul patient. John Aubrey, le biographe de l'époque, écrivait : « J'ai entendu Harvey dire qu'après la parution de son livre, il perdit beaucoup de patients. Le commun des mortels le croyait fou, et tous les médecins étaient contre lui. Je connaissais plusieurs médecins de Londres qui n'auraient pas donné deux sous pour une de ses découvertes. » Il fallut presque un demi-siècle avant que les découvertes de Harvey, qui résultaient d'expériences laborieuses sur des animaux, ne fussent acceptées par la profession médicale.

Harvey fut le médecin officiel de Charles Ier, poste qu'il occupa jusqu'à la décapitation de Charles. Aubrey encore : « Il assista à la bataille d'Edgehill où il avait été chargé de veiller sur le Prince de Galles et le Duc d'York ; pendant la bataille, il demeura assis près d'une haie, lisant un livre. »

Galilée et les lois de la chute des corps

Galilée (1564-1642)

En dehors de la résistance de l'air, tous les corps tombent de la même manière ; s'ils commencent leur chute en même temps, ils toucheront le sol en même temps. La chute libre est une accélération constante : le corps gagne de la vitesse à un rythme constant.

De cette loi nous tirons les équations du mouvement accéléré : $v = gt$ et $s = \frac{1}{2} gt^2$, où v est la vitesse, g l'accélération de la pesanteur et s la distance parcourue en un temps t.

Aristote (384-322 av. J.-C.) fut le premier à spéculer sur le mouvement des corps. Il affirma que plus un corps était lourd, plus il tombait vite. Il fallut attendre dix-neuf siècles pour que cette idée soit remise en question, par Galilée. Il réalisa des expériences méticuleuses sur des plans inclinés afin d'étudier le mouvement des corps en chute. À partir de ces expériences, il formula ses lois de la chute des corps. Son livre, *Dialogue concernant les deux grands systèmes du monde* résume ses travaux sur le mouvement et l'accélération.

La légende veut que Galilée fît une démonstration, en lâchant simultanément un objet léger et un objet lourd du sommet de la Tour de Pise. Cette démonstration n'eut probablement jamais lieu, mais, en 1971, les astronautes d'Apollo 15 reproduisirent l'expérience de Galilée sur la Lune. L'astronaute David Scott lâcha une plume et un marteau de la même hauteur. Tous deux atteignirent le sol au même instant, démontrant que Galilée avait raison.

Voir : La représentation de Galilée du système solaire, **p. 28**

1632
Italie

La représentation galiléenne du système solaire

Galilée (1564-1642)

La Terre et les planètes tournent non seulement sur leurs axes, mais également autour du Soleil selon des orbites circulaires. Les taches « sombres » sur le Soleil paraissent se mouvoir, le Soleil doit donc lui aussi être en rotation.

Galilée confirma et développa le modèle héliocentrique de Copernic en observant les cieux à travers une lunette qu'il construisit en 1609.

Quand Galilée publia son chef-d'œuvre, *Dialogue sur les deux grands systèmes du monde*, dans lequel il défendait avec éloquence, et développait plus avant, le système copernicien (p. 19), ses théories furent considérées comme contraire aux enseignements de l'église catholique. En 1633, il fut jugé pour hérésie par l'Inquisition et forcé de renoncer à ses théories. Dans le folklore scientifique, le procès de Galilée est aussi célèbre que la pomme de Newton (p. 38). La tradition veut qu'il ait été si convaincu de ce que la Terre se mouvait qu'au moment où il était libéré après avoir abjuré le système copernicien, Galilée tapa du pied et marmonna « *E pur si muove* » (« *Et pourtant elle tourne* »). Galilée fut assigné à résidence jusqu'à la fin de sa vie.

Après la mort de Galilée, l'idée d'un système héliocentrique gagna progressivement la pensée scientifique. En 1992, trois siècles et demi après la mort de Galilée, le Vatican inversa officiellement le verdict du procès de Galilée.

Voir : Galilée et les lois de la chute des corps, **p. 27**

LE GRAND THÉORÈME DE FERMAT

Pierre de Fermat (1601-1665)
Andrew Wiles (né en 1953)

Ce théorème dit que, quand n est supérieur à 2, il n'existe pas de nombres entiers solution de l'équation :
$$x^n + y^n = z^n.$$

Le problème est basé sur le théorème de Pythagore (p. 7) : dans un triangle rectangle, le carré de l'hypoténuse est égal à la somme des carrés des deux autres côtés, c'est-à-dire $x^2 + y^2 = z^2$. Si x et y sont des nombres entiers, alors z pourrait aussi être un nombre entier. Pourtant, si l'équation est élevée à une puissance plus grande que 2, par exemple $x^3 + y^3 = z^3$, alors z ne peut pas être un nombre entier.

Autour de 1637, Fermat, un mathématicien célèbre, écrivit une équation dans la marge d'un livre grec. Puis il ajouta : « J'ai trouvé une merveilleuse démonstration mais je ne peux l'écrire dans cette marge car elle est trop longue. » Ce problème, aujourd'hui connu sous le nom de grand théorème de Fermat, a tenu tous les mathématiciens en échec, y compris les plus grands, pendant 356 ans.

En 1993, Wiles, professeur de mathématiques à l'université de Princeton, démontra enfin le théorème. Wiles, né en Angleterre, rêvait de démontrer le théorème de Fermat depuis qu'il l'avait lu à l'âge de dix ans dans la bibliothèque de son quartier. Il lui fallut sept ans de travail pour y parvenir. La preuve, longue de 130 pages, fut publiée dans le journal *Annals of Mathematics* en mai 1995.

1638
FRANCE

La loi de Pascal

Blaise Pascal (1623-1662)

Lorsqu'une pression est appliquée à un fluide contenu dans un récipient fermé, elle est transmise uniformément dans toutes les directions.

La loi (parfois appelée principe) trouve des applications pratiques dans des dispositifs tels que les freins hydrauliques des voitures et les fauteuils hydrauliques.

Le diagramme suivant montre comment une force modeste peut devenir bien plus grande lorsque l'on augmente la surface d'un des pistons (celui où se trouve la voiture) par rapport à celle de l'autre piston (celui où se tient l'homme).

Pascal, mathématicien et philosophe, fut l'un des fondateurs de la théorie des probabilités (p. 32). L'unité de pression, le pascal (Pa), est nommée en son honneur.

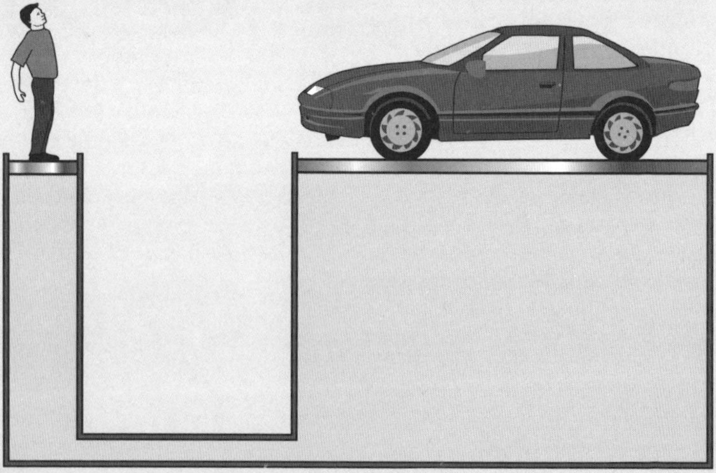

La pompe à vide

Otto von Guericke (1602-1686)

Cette démonstration prouva que l'air exerce une pression.

L'idée que l'air exerce une pression peut vous sembler simple, mais elle constitua une remarquable découverte au XVIIe siècle.

Le philosophe grec Aristote (384-322 av. J.-C.) dit un jour que « la nature a horreur du vide ». Cette pensée demeura dominante pendant près de deux millénaires jusqu'à ce que les savants du XVIIe siècle commencent à étudier la vraie nature du vide. Guericke était l'un d'eux. Riche amateur de science, il avait accompli une grande avancée technologique en inventant une pompe à vide (parfois appelée pompe à air), un dispositif permettant d'évacuer l'air d'un récipient.

En 1654, Guericke, qui était alors maire de Magdebourg, réalisa devant l'empereur Ferdinand III et sa cour une expérience spectaculaire. À l'aide de sa pompe, il évacua l'air contenu dans deux hémisphères d'environ 45 cm de diamètre, dont les bords étaient parfaitement ajustés. Huit chevaux furent harnachés à l'un des hémisphères et huit à l'autre. Mais les 16 chevaux ne parvinrent pas à séparer les hémisphères. Pour émerveiller encore plus l'assistance, Guericke tourna le robinet et, alors que l'air s'engouffrait dans la sphère, il sépara sans effort les deux hémisphères.

Guericke n'utilisa pas sa pompe à vide seulement pour démontrer la puissance de la pression atmosphérique : il l'employa également pour montrer que la lumière, mais pas le son, peut se propager dans le vide et que l'on ne peut pas allumer une bougie dans le vide.

1654
FRANCE

THÉORIE DES PROBABILITÉS

Blaise Pascal (1623-1662)

L'étude de la vraisemblance d'un événement.

Le hasard est imprévisible. Les probabilités traitent des chances de réalisation d'un événement dû au hasard.

Le Chevalier de Méré, aristocrate du XVIIe siècle et joueur menant grand train, aimait parier sur le fait que sur quatre lancers de dé, un six sortirait. Mais lorsqu'il commença à parier qu'au moins un six sortirait sur 24 lancers de deux dés, sa chance se détériora. Il demanda pourquoi à son ami mathématicien Blaise Pascal, qui écrivit à son collègue mathématicien Pierre de Fermat (p. 29) à propos de ce problème. Leur correspondance conduisit à la naissance de la théorie des probabilités.

La théorie des probabilités peut vous aider à comprendre des choses aussi diverses que vos chances de gagner au loto ou celles d'être frappé par la foudre. On peut calculer la probabilité d'un événement simplement en divisant le nombre de manières dont l'événement peut survenir par le nombre total de résultats possibles. Par exemple, la probabilité de tirer un as dans un jeu de cartes bien mélangé est de $^{4}/_{52}$ soit 0,077 (pour un jeu de 52 cartes contenant 4 as). Vous trouverez ci-dessous quelques-uns des termes que nous utilisons pour décrire les probabilités.

État	sûr et certain	très probable	assez probable	incertain	peu probable	très peu probable	jamais
%	100	90	70	50	30	10	0
Proba	1	0,9	0,7	0,5	0,3	0,1	0

La loi de Hooke

Robert Hooke (1635-1703)

Dans son domaine de comportement dit élastique, l'allongement d'un matériau est proportionnel à la force d'extension qui lui est appliquée.

Cette loi s'applique à toutes sortes de matériaux, des balles en caoutchouc aux ressorts métalliques. Elle permet de définir le domaine d'élasticité du matériau.

Sous forme mathématique, la loi s'écrit $F = kx$, où F est la force, x la différence de longueur et k une constante. Cette constante porte aujourd'hui le nom de **module de Young**, du nom de Thomas Young (p. 62) qui en donna une interprétation physique en 1802.

Hooke, contemporain de Newton, fut l'un des fondateurs de la Royal Society en 1662 et en fut le commissaire aux expériences jusqu'à sa mort. Newton n'aimait pas la combativité de Hooke et refusa d'assister aux réunions de la Royal Society tant que celui-ci en serait commissaire. Hooke faisait si peu confiance à ses contemporains que, lorsqu'il découvrit sa loi, il la publia d'abord sous la forme d'une anagramme en latin, *ceiiinosssttu*, dans son ouvrage consacré à l'élasticité. Deux ans plus tard, quand il fut sûr que les expériences sur les ressorts confirmeraient sa loi, il révéla la signification de l'anagramme : *Ut tensio sic vis*, « C'est-à-dire, la puissance d'un ressort est proportionnelle à sa tension… La théorie est très courte, il est donc très facile de la tester. » Il disait vrai ; un ressort, une règle graduée et un jeu de poids sont tout ce dont on a besoin.

1662
ANGLETERRE

LA LOI DE BOYLE

Robert Boyle (1627-1691)

À température constante, le volume occupé par une masse donnée de gaz est inversement proportionnel à sa pression.

En d'autres termes, si vous doublez la pression d'un gaz, vous divisez par deux son volume. En équation, cela donne pV = constante, ou $p_1V_1 = p_2V_2$ où les indices 1 et 2 renvoient à n'importe quelle paire de mesures effectuées pendant l'expérience.

Né au château de Lismore, en Irlande, Boyle était le septième fils du premier comte de Cork. Enfant brillant, il étudia les travaux de Galilée lors d'un voyage en Italie à l'âge de 14 ans. C'est à cette époque qu'il décida de consacrer sa vie à la science. En 1661, il publia son œuvre la plus connue, *Le chimiste sceptique*, dans laquelle il rejetait les quatre éléments d'Aristote – l'Eau, la Terre, le Feu et l'Air – et proposait au contraire de considérer les éléments comme des substances matérielles identifiables uniquement par l'expérience. En 1662, il réalisa une pompe à vide d'une grande efficacité, que les élèves d'aujourd'hui connaissent bien et qu'il utilisa pour démontrer sa loi ainsi que pour réaliser des expériences sur la respiration et la combustion. Il montra que l'air était indispensable à la vie et à la combustion.

Boyle, qui fut un jour présenté au célèbre chroniqueur anglais Samuel Pepys comme « le fils du Comte de Cork et le père de la chimie moderne », posa les bases de la chimie en tant que science – une science expérimentale. Il croyait en « la conception d'expériences et le relevé d'observations » et non pas à la « proclamation de théories sans avoir testé les phénomènes pertinents ».

Voir : La loi de Charles, p. 54

La théorie de la génération spontanée

Francesco Redi (1626-1697)

Depuis l'Antiquité, on pensait que la vie pouvait apparaître spontanément à partir de matière animée ou non : les asticots dans la viande en décomposition, les chenilles sur les feuilles, les crapauds dans la vase.

Redi infirma cette théorie populaire de la génération spontanée.

Redi prépara huit jarres, chacune contenant un type de chair : un serpent mort, du poisson, des morceaux de veau. Il en ferma quatre et laissa les quatre autres à l'air libre. Après quelques jours, il observa que seules les jarres demeurées ouvertes présentaient des asticots. La viande des jarres fermées était tout aussi décomposée mais ne présentait pas d'asticots. Il répéta l'expérience, cette fois en couvrant l'ouverture de quatre jarres avec de la gaze au lieu de les fermer hermétiquement : l'air pouvait entrer mais pas les mouches. De nouveau, les asticots n'apparurent que dans les jarres ouvertes. À partir de ces expériences, Redi conclut que les asticots n'apparaissaient pas par génération spontanée mais qu'ils venaient d'œufs pondus par les mouches.

Cependant, même les expériences de Redi ne purent ébranler la foi des gens en cette antique idée qu'était la génération spontanée. Celle-ci ne fut définitivement écartée que lorsqu'en 1865 Louis Pasteur (p. 104) réalisa une série d'expériences démontrant que des micro-organismes sont présents partout. Il établit ainsi que toute vie vient d'une autre forme de vie.

Redi, médecin et poète, était un fervent supporteur de la démarche scientifique, encore nouvelle à l'époque. Ses expériences simples mais soigneusement préparées et menées jetèrent les bases de la biologie expérimentale.

1684
Allemagne

Le calcul différentiel de Leibniz

Gottfried Leibniz (1646-1716)

« Une nouvelle méthode pour les maxima et les minima, de même que pour les tangentes... ainsi qu'un type de calcul bien curieux », voici comment Leibniz présentait le calcul différentiel.

Le calcul différentiel est devenu aujourd'hui une branche importante des mathématiques, qui traite du comportement des fonctions.

Les amateurs d'histoire des sciences connaissent bien la querelle de priorité qui opposa Leibniz à Newton au sujet du calcul différentiel. Newton (*cf.* p. 38-40) inventa le calcul différentiel (qu'il appelait fluxions) dès 1665, mais n'en publia rien avant 1687. La controverse courut pendant des années, mais on pense aujourd'hui que chacun développa le calcul différentiel indépendamment. Cependant, c'est à Leibniz que nous devons la terminologie et la notation du calcul différentiel telles que nous les connaissons aujourd'hui. Ainsi, le symbole $\int$ (un « s » allongé) pour l'intégrale fut introduit par Leibniz, de même que de nombreux autres symboles mathématiques : en particulier le signe égal, les deux points (:) pour la division et le point pour la multiplication.

Leibniz, mathématicien et philosophe, rêvait de créer un langage symbolique universel qui pourrait être utilisé pour déterminer la véracité de toute proposition. « Il n'y aurait entre deux philosophes pas plus d'occasion de dispute qu'entre deux comptables », disait-il. « Il leur suffirait de prendre leurs crayons… et de se dire… "Faisons les calculs". » Le rêve de Leibniz donna naissance à la logique mathématique moderne.

Le concept d'Espèce

John Ray (1627-1705)

Une espèce est un groupe d'organismes constitués d'individus semblables capables de se reproduire entre eux.

Ray fut le premier à utiliser le terme d'espèce (du latin « genre » ou « forme ») dans son sens scientifique actuel.

Le concept d'espèce développé par John Ray se fondait sur l'étude de plus de 18 600 espèces de plantes, qu'il avait décrites dans les trois volumes de son *Historia Plantarum Generalis*, publiés entre 1686 et 1704. Il expliquait dans cet ouvrage que : « Après une enquête longue et considérable, aucun critère ne m'a paru meilleur, pour déterminer les espèces, que celui des caractères distinctifs se perpétuant. Ainsi, quelles que soient les variations qui surviennent chez l'individu ou dans l'espèce, si elles proviennent d'une seule et même plante, elles sont accidentelles et ne permettent pas en tant que telles de distinguer une espèce. » Il fut aussi le premier à classifier les plantes à fleurs en monocotylédones et dicotylédones (le nom renvoie au nombre de cotylédons, les feuilles primordiales présentes dans les graines), et à employer les termes « pétale » et « pollen ». Dans ses autres ouvrages, il s'intéressa également aux poissons, aux oiseaux, aux reptiles, aux mammifères et aux fossiles.

Le terme d'espèce est maintenant utilisé pour des populations aussi bien existantes que disparues. Près de 1,5 million d'espèces ont été répertoriées de par le monde, et les estimations du nombre total d'espèces vivant ou ayant vécu sur la planète vont de 10 à 30 millions.

Voir : La classification de Linné, **p. 44**

1687
Angleterre

La loi de la gravitation universelle de Newton

Isaac Newton (1642-1727)

Deux corps, quels qu'ils soient, s'attirent mutuellement avec une force proportionnelle au produit de leurs masses et inversement proportionnelle au carré de la distance les séparant.

Cette force est nommée gravitation. C'est elle qui maintient les chaises au sol et les planètes sur leurs orbites.

La loi de la gravitation universelle peut être exprimée par l'équation $F = GmM/r^2$, où F est la force, m et M les masses des deux corps, r la distance les séparant et G la constante de gravitation.

L'histoire raconte que, un jour qu'il était assis dans son jardin, Newton vit une pomme se décrocher d'un arbre. Il se demanda pourquoi elle tombait droit vers le sol et parvint à la conclusion que si la pomme tombait vers le bas, c'était qu'une force l'y attirait. Cette observation due au hasard le conduisit à la théorie de la gravitation universelle. (Gravité et gravitation sont une seule et même chose. Le terme de gravité est parfois plus employé pour désigner l'attraction exercée par la Terre sur d'autres objets.)

Cette anecdote est peut-être la plus célèbre de toute la science. Probablement apocryphe, elle ne nous dit pas si la pomme tomba sur Newton, mais ce qui est sûr c'est que Newton tomba sur une idée scientifique qui permit de résoudre maints mystères de l'univers. Newton publia sa loi de la gravitation dans son principal *opus*, les *Philosophiae Naturalis Principia Mathematica* (Les principes mathématiques de la philosophie naturelle) en 1687. La publication des *Principia*, écrits en latin, est considérée comme un des événements les plus importants de l'histoire des sciences.

Le premier volume des *Principia* contient les lois du mouvement (cf. p. 40) et traite des principes généraux de la mécanique. Le deuxième volume s'intéresse essentiellement au mouvement des fluides. Le troisième, considéré comme le plus spectaculaire, présente la théorie de la gravitation. Newton y démontre qu'une même force (a) maintient les planètes sur leur orbite autour du Soleil, (b) maintient les lunes en orbite autour de leur planète, (c) entraîne la chute des corps, (d) maintient les objets par terre et (e) cause les marées.

Pourquoi deux objets exercent-ils l'un sur l'autre une attraction ? Même le grand Newton ne put trouver d'explication à cela. « Je ne forme aucune hypothèse », dit-il. Il affirma néanmoins que la gravitation était universelle : c'est-à-dire qu'elle s'applique à tous les corps de l'univers. Cette universalité fut remise en cause en 1915, lorsque Einstein publia sa célèbre théorie de la relativité générale (*cf.* p. 140).

1687
ANGLETERRE

LES LOIS DE NEWTON

Isaac Newton (1642-1727)

1re loi : Un objet au repos demeurera au repos et un objet en mouvement à une certaine vitesse demeurera en mouvement à cette vitesse à moins qu'ils ne soient soumis à l'action d'une force extérieure.
2e loi : La somme des forces (F) s'exerçant sur un objet est égale à la masse (m) de l'objet multipliée par l'accélération, soit F = ma.
3e loi : À toute action correspond une réaction égale et opposée.

La première loi introduit le concept d'inertie, c'est-à-dire la tendance d'un corps à résister au changement de sa vitesse. L'inertie d'un objet est liée à sa masse. La seconde loi énonce la relation entre masse et accélération. La troisième loi montre que les forces vont toujours par paire.

Les lois de Newton furent également publiées dans ses *Principia* (*cf.* p. 38). Le caractère fondamental de ces lois est tel que tout étudiant en science doit les apprendre. À l'époque où Newton travaillait à ses *Principia*, il était professeur à l'université de Cambridge et était censé donner, chaque semaine, un cours de mathématiques. Mais il était tellement absorbé par son travail qu'il manqua plus souvent qu'à son tour cette obligation. « Lorsqu'il faisait effectivement cours, clairsemés étaient les bancs de l'amphithéâtre », écrit James Gleick dans son *Isaac Newton : un destin fabuleux* (paru en 2005). « Il lui arrivait d'enseigner devant une salle vide, ou bien de simplement renoncer à son cours pour regagner ses appartements. »

LE PRINCIPE DE HUYGENS

Christiaan Huygens (1629-1695)

Chaque point d'un front d'onde peut être considéré comme un nouveau point-source.

Huygens fut à l'origine du concept de front d'onde et l'utilisa pour expliquer leur propagation. Ce principe est toujours employé pour déterminer la position future d'un front d'onde. Les perpendiculaires au front d'onde sont appelées rayons et montrent la direction de propagation de l'onde.

Newton (*cf.* p. 38-40) fut le premier à tenter de préciser la nature de la lumière : elle consistait selon lui en de minuscules particules appelées « corpuscules », se déplaçant à travers l'« éther ». Cependant, pour son contemporain Huygens, la lumière était plutôt constituée d'ondes présentant des fronts perpendiculaires à la direction de propagation.

C'est la contemplation des vaguelettes sur les canaux de sa ville qui inspira à Huygens cette idée. En 1690, dans son *Traité de la Lumière*, il signalait que les ondes lumineuses peuvent passer les unes à travers les autres et que cette propriété permettait à deux personnes de se regarder dans les yeux. « Si la lumière était constituée de particules, celles d'un œil entreraient en collision avec celles de l'autre », écrivait-il. Dans son ouvrage, il développait une technique, aujourd'hui connue sous le nom de principe de Huygens, permettant de prédire la position future d'un front d'onde à partir de sa position présente.

Huygens découvrit également les anneaux de Saturne (1655), ainsi que Titan, la première lune de Saturne (1665) ; il fut aussi l'inventeur de l'horloge à balancier (1656).

Voir : Le principe d'interférence d'Young, **p. 62**

1729
FRANCE

L'HORLOGE BIOLOGIQUE

Jean-Jacques d'Ortous de Mairan
(1678-1771)

Certaines fonctions, chez les plantes, ne sont pas régulées par le soleil, mais par un mécanisme à l'intérieur même des plantes.

Beaucoup de travaux ont été conduits sur l'horloge biologique depuis l'hypothèse de de Mairan. Nous savons aujourd'hui que les horloges biologiques sont un système temporel interne qui régule le métabolisme chez toutes les formes de vie.

De Mairan était astronome, et après ses expériences sur les plantes, il retourna à l'observation du ciel. Nous devons lui savoir gré de sa digression sur les plantes, ainsi que de celle ayant conduit à sa description en 1749 d'un réfrigérateur chinois utilisant l'effet rafraîchissant de l'évaporation. Mais de Mairan ignorait que nous sommes tous prisonniers de notre horloge biologique. Des centaines de motifs cellulaires, physiologiques et comportementaux qui suivent le cycle de 24 heures ont en effet été observés chez l'homme. C'est pour cette raison que l'on appelle également l'horloge biologique le **rythme circadien** (du latin *circa diem*, autour d'un jour). Les rythmes circadiens ne sont pas liés au concept familier et pseudoscientifique des rythmes biologiques. La température corporelle est un bon exemple de rythme circadien. On considère qu'une température de 37 °C est normale, mais les individus en bonne santé présentent en général un cycle de 24 heures durant lequel la température varie de 35,5 °C à 38,5 °C. La température corporelle atteint son minimum aux petites heures du matin et son maximum en fin d'après-midi.

Le décalage horaire et les problèmes de santé causés par le travail en 3 × 8 sont largement dus à la bataille que doit livrer le corps contre sa propre horloge circadienne, ce cycle sensible à la lumière qui régule également les cycles de sommeil. Les défaillances de cette horloge interne peuvent entraîner une dépression et des troubles du sommeil. La période des cycles circadiens est rarement d'exactement 24 heures, elle varie en général entre 23 et 25 heures. Le cycle humain veille-sommeil dure quant à lui 25 heures, et de ce fait, les gens décalent chaque jour leur sommeil d'une heure pour se conformer au cycle terrestre de 24 heures Mais lorsque l'on travaille en 3 × 8, les perturbations du cycle veille-sommeil sont telles que le système se désynchronise et part en « roue libre » pour avancer dans le cycle de 25 heures jusqu'à être à nouveau en phase avec lui. C'est la même désynchronisation qui cause le décalage horaire. Le cycle de 25 heures tendant naturellement à retarder l'heure du coucher, il est en général plus facile de s'adapter à des horaires de travail exigeant que l'on reste debout plus tard qu'à l'accoutumée – un déphasage vers l'avant.

L'horloge biologique permet aux organismes d'être sur la même longueur d'onde que leur environnement. Sans elle, il leur serait impossible de survivre dans un environnement hostile. Puisque toutes les formes de vie possèdent une horloge biologique et qu'il est avantageux d'en posséder une, il est très probable qu'elle soit le fruit de l'évolution. Chez les vertébrés, par exemple, l'horloge interne a fait son apparition il y a plus de 450 millions d'années.

Si nous avons une horloge biologique, où est-elle située ? Chez les mammifères, y compris les humains, l'horloge est située dans l'hypothalamus, au niveau du cerveau. Il s'agit d'un petit ensemble de cellules appelé « noyau suprachiasmatique » (SCN). Le SCN se trouve près du chemin optique et est directement relié aux yeux. Des SCN ont également été identifiés dans d'autres parties du corps.

Le SCN ne constitue qu'une partie de ce qu'on appelle l'axe circadien ; les deux autres parties de cet axe sont la glande pinéale (qui, dans le noir, produit de la mélatonine) et la rétine. Chez certaines personnes, une sécrétion excessive de mélatonine durant les longues nuits et les courtes journées peu ensoleillées d'hiver peut être la cause d'une pathologie connue sous le nom de trouble affectif saisonnier (ou SAD, *seasonal affective disorder*) ou « blues » hivernal. Cet état dépressif peut être traité par des séances d'exposition à des rayons lumineux spécifiques.

1735
SUÈDE

LA CLASSIFICATION DE LINNÉ

Carl Linné (1707-1778)

Un système de classification des organismes par l'attribution d'un nom en deux parties.

Ce système fournit une méthode concise et rigoureuse de classification. Il est toujours utilisé de nos jours, bien que le génome offre désormais une meilleure méthode de classification.

Dans la classification de Linné, que l'on appelle aussi « nomenclature binomiale », chaque espèce se voit attribuer un nom scientifique composé de deux mots latins – le genre, qui vient en premier et prend une majuscule, et l'espèce, qui ne prend pas de majuscule. Le nom de genre est souvent abrégé, et les noms sont toujours écrits en italique ou soulignés. Par exemple, le nom scientifique de l'être humain est *Homo sapiens* (en abrégé, *H. sapiens*). La classification de Linné comprend six catégories – à savoir, en partant de la moins spécifique : le règne, l'embranchement, la classe, l'ordre, le genre et l'espèce – mais seules deux d'entre elles sont utilisés pour nommer les organismes.

Linné s'intéressa à la botanique dès l'âge de huit ans, ce qui lui valut le surnom affectueux du « petit botaniste ». Il publia en 1735 son ouvrage *Systema Naturae*, dans lequel il présentait sa classification. « Le petit botaniste », devenu le fondateur de la science taxonomique, y faisait également montre de son sens de l'autodérision dans sa description de *Linnaea boralis*, une plante portant son nom : « *Linnaea* fut nommée ainsi par le grand Gronovius. Elle pousse en Laponie, est petite, insignifiante, méprisée et ne fleurit que sur une période très brève – elle tient son nom de Linné, qui lui ressemble. »

1738
SUISSE
1860
ÉCOSSE

LA THÉORIE CINÉTIQUE DES GAZ

Daniel Bernoulli (1700-1782)
James Clerk Maxwell (1831-1879)

Les gaz se composent de molécules en déplacement aléatoire constant et leurs propriétés dépendent de ce mouvement.

Cette théorie offre également un modèle pour les deux autres états de la matière – liquide et solide.

Bernoulli proposa une « théorie du bombardement » selon laquelle un gaz était constitué de particules minuscules animées d'un mouvement rapide et aléatoire, accéléré par la chaleur. Quelque 120 ans plus tard, Maxwell reprit les idées de Bernoulli pour en tirer une théorie mathématique rigoureuse. En termes simples, le volume d'un gaz correspond à l'espace dans lequel ses molécules sont libres de se déplacer. Les collisions des molécules entre elles et avec les parois du contenant sont parfaitement élastiques, son énergie cinétique est donc constante. L'énergie cinétique moyenne d'un gaz augmente quand la température augmente, diminue quand elle diminue. Cette théorie a depuis été étendue aux liquides et aux solides.

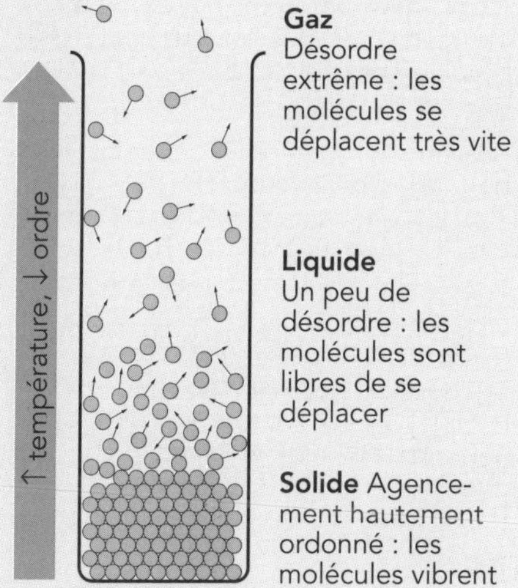

Les molécules dans les trois états de la matière.

Voir : Les équations de Maxwell, **p. 102**; Le principe de Bernoulli, **p. 46**

1738
Suisse

Le principe de Bernoulli

Daniel Bernoulli (1700-1782)

Lorsque la vitesse d'un gaz ou d'un liquide augmente, sa pression diminue ; et lorsque sa vitesse diminue, sa pression augmente.

Ce principe correspond à une équation compliquée, mais il peut être résumé simplement : plus l'écoulement est rapide, moins la pression est élevée.

Le principe de Bernoulli trouve de nombreuses applications, dont la moindre n'est pas la conception des ailes d'avions. La surface incurvée de la partie supérieure de l'aile est plus longue que celle de la partie inférieure, ce qui fait que l'air doit se déplacer plus vite au-dessus qu'au-dessous de l'aile. Ainsi, la pression de l'air est plus grande en dessous de l'aile qu'au dessus, ce qui entraîne l'apparition d'une force dirigée vers le haut, force appelée *portance*.

De même, s'il existe un passage plus étroit dans un tube ou dans un tuyau, la vitesse d'un gaz ou d'un liquide augmentera au niveau de ce goulet, en vertu du principe de Bernoulli. Cet effet est connu sous le nom d'**effet Venturi**, d'après le savant italien G. B. Venturi (1746-1822) qui l'observa là où des canaux se rétrécissaient. Un aérosol fonctionne sur le même principe.

Bernoulli appartenait à une famille de scientifiques hautement distinguée. Son père Jean et son oncle Jacob furent d'éminents mathématiciens et cinq autres membres de la famille Bernoulli étaient également des scientifiques.

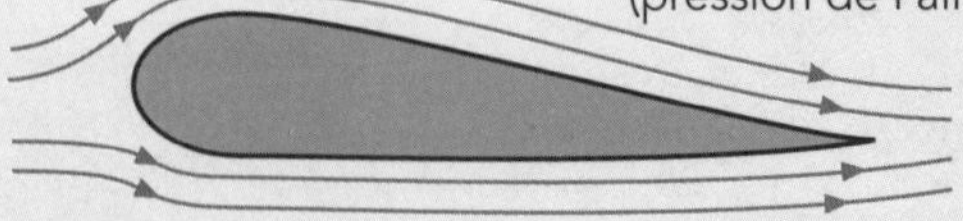

Voir : La théorie cinétique des gaz, **p. 45**

L'ÉCHELLE CELSIUS DE TEMPÉRATURE

Anders Celsius (1701-1744)

La différence de température entre le point de fusion et le point d'ébullition de l'eau est de cent degrés.

Cette échelle fut initialement appelée centigrade (« cent pas »), avant d'être rebaptisée Celsius en 1969.

Celsius était astronome, mais ce n'est pas pour ses travaux en astronomie qu'il est connu, bien que ceux-ci comprennent l'observation d'éclipses, la mesure de l'éclat de 300 étoiles et la description précise des aurores boréales (ces magnifiques jeux de lumières dans le ciel du grand Nord).

Sa plus grande réussite est sans conteste la conception d'une échelle de température. Dans sa version originale, il y attribuait la valeur 0 au point d'ébullition de l'eau, et la valeur 100 au point de fusion de la glace. Après sa mort, Carl Linné (p. 44) renversa l'échelle pour lui donner sa forme actuelle. Et, en 1969, la Conférence générale des poids et mesures, l'organisme en charge du système international d'unités, décréta que l'échelle centigrade devait être baptisée Celsius.

Le professeur Celsius (il fut nommé professeur à l'université d'Uppsala à seulement 29 ans) peut reposer en paix, sachant qu'une anagramme de son nom complet, Anders Celsius, est « *Scale's in use, Dr* » (l'échelle est en service, docteur [NdT]) et que son échelle est utilisée dans le monde entier. Cependant, de nombreux pays continuent d'utiliser l'**échelle Fahrenheit**. Dans cette échelle, introduite en 1724 par le physicien germano-néerlandais Gabriel Fahrenheit (1686-1736), le point de solidification de l'eau est placé à 32° et son point d'ébullition à 212°. Dans le monde scientifique, c'est l'échelle de Kelvin (p. 92) qui fait référence.

1745-46
HOLLANDE

LA BOUTEILLE DE LEYDE

Pieter van Musschenbroek (1692-1761)
Ewald Jürgen von Kleist (1700-1748)

Stocker dans une bouteille l'électricité produite par les machines électrostatiques.

En langage moderne, la bouteille de Leyde est une capacité ou un condensateur, composant permettant de stocker la charge électrique.

En 1732, Stephen Gray (~ 1666-1736), un expérimentateur britannique, découvrit que la charge électrique pouvait être transportée sur de longues distances, il classifia également diverses substances selon qu'elles étaient conductrices ou isolantes pour l'électricité. Il avança que les meilleurs conducteurs étaient les métaux, initiant ainsi l'utilisation du fil électrique. Il conçut également une expérience ingénieuse pour montrer que le corps humain est un bon conducteur. Il plaça son page (décrit par de nombreux commentateurs de l'époque comme « un jeune homme de robuste constitution ») tête en bas sur une planche de bois suspendue en l'air au moyen de cordes de soie attachées au plafond. Il accumula des charges sur un épais bâton de verre en le frottant contre un coussin de soie et le plaça sur la plante des pieds du garçon. Quand l'assistant de Gray toucha la tête du page du bout du doigt, il put sentir un picotement, signe du fait que le corps humain était conducteur.

Au milieu du XVIIIe siècle, les machines électrostatiques vinrent remplacer les bâtons de verre comme sources d'électricité. Une telle machine était typiquement constituée d'un cylindre de verre reposant sur un axe que l'on pouvait faire tourner au moyen d'une manivelle. Une fois en rotation, le cylindre venait frotter contre un coussin de soie et se chargeait par frottement,

En 1746, Musschenbroek, professeur à l'université de Leyde en Hollande, réalisa une expérience « terrifiante » au cours de laquelle il attacha l'extrémité d'une chaîne de laiton au canon d'un fusil, le milieu de la chaîne à une machine électrostatique, et plongea l'autre extrémité dans une bouteille remplie d'eau. Son assistant, Andreas Cuneus, tenait la bouteille tandis que Musschenbroek tournait la manivelle de la machine. La charge passa de la machine au canon du fusil puis à la bouteille. Musschenbroek toucha à son insu la chaîne de laiton plongée dans l'eau avec sa main gauche tandis qu'il tournait toujours la manivelle de sa main droite. Il fut traversé par une charge telle qu'il demeura paralysé pendant un long moment. « Quand bien même on m'offrirait tout le royaume de France, je n'accepterais pas de recevoir une seconde décharge », confia-t-il plus tard. Il venait malgré lui de réaliser une découverte capitale : il était possible de stocker de l'électricité dans une bouteille d'eau. Un an après, von Kleist, savant allemand, découvrit le même principe de manière indépendante. Dans les versions ultérieures de cette bouteille, devenue célèbre sous le nom de bouteille de Leyde, l'eau fut remplacée par des feuilles de cuivre à l'intérieur et à l'extérieur de la bouteille.

La bouteille de Leyde devint une attraction : les magiciens utilisaient cette « électricité en bouteille » dans les foires pour impressionner et divertir. L'abbé Nollet (1700-1770), savant français, réalisa une série d'expériences divertissantes avec une bouteille de Leyde. Un jour de 1746, devant Louis XV et sa cour, il installa son dispositif au château de Versailles et demanda à 180 soldats de former un cercle ouvert en se tenant par la main. Le premier soldat saisit le bouton d'une bouteille de Leyde et, quand on demanda au dernier d'en faire autant, les 180 soldats sautèrent simultanément, traversés par une même décharge électrique. Lors d'une autre expérience, Nollet fit passer une charge électrique à travers une file de moines longue de 300 m, chacun étant lié à ses voisins par un fil de fer.

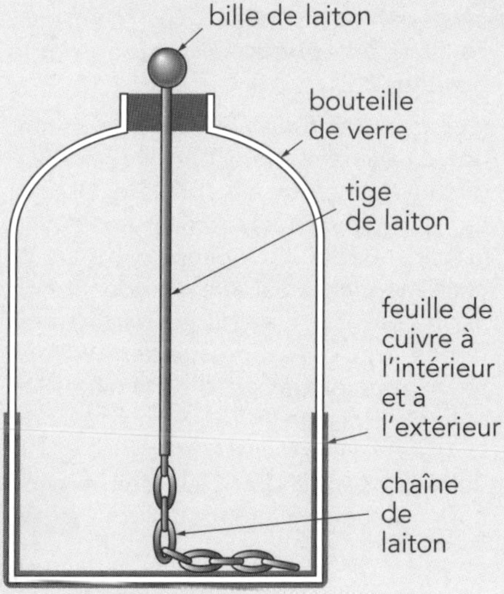

Une bouteille de Leyde.

Voir : La loi de Coulomb, **p. 52**

La loi de Bode

Johann Bode (1747-1826)

Les nombres de la suite 0, 3, 6, 12, 24, 48, 96, lorsqu'on leur ajoute 4 et qu'on les divise par 10, donnent la suite 0,4 ; 0,7 ; 1,0 ; 1,6 ; 2,8 ; 5,2 ;10, qui correspond aux distances des planètes au Soleil, en unités astronomiques.

Cette suite donnait les distances correctes des six planètes connues à l'époque, exceptée pour la position 2,8.

Lorsque l'astronome germano-britannique William Herschel (1738-1822) découvrit une nouvelle planète, Uranus, en 1871, sa position vérifiait également la loi de Bode : multiplions par 2 les 96 correspondant à Saturne, on obtient 192, augmenté de 4 et divisé par 10 cela donne 19,6, qui est proche des 19,2 unités astronomiques de la distance d'Uranus au Soleil (une unité astronomique est la distance moyenne du centre de la Terre au centre du Soleil, soit environ 150 millions de kilomètres).

Bode suggéra la présence d'une nouvelle planète correspondant à la distance 2,8, mais ce fut en fait le premier astéroïde, Cérès, qui fut découvert à cette position, entre Mars et Jupiter, en 1801. Les planètes Neptune et Pluton, découverte en 1846 et 1930, respectivement, ne correspondaient pas aux positions prédites par la loi de Bode. Leurs distances moyennes au soleil – 30 et 39,2 unités astronomiques – différaient des distances données par la loi, 38,8 et 77,2. (En passant, il existe une phrase mnémotechnique pour mémoriser les planètes par ordre de leur distance au Soleil : Mercredi Viendras-Tu Manger du Jambon Sur Une Nappe Propre : Mercure, Vénus, Terre, Mars, Jupiter, Saturne, Uranus, Neptune et Pluton).

LA THÉORIE DE LA PHOTOSYNTHÈSE

Jan Ingenhousz (1730-1799)

Les plantes vertes absorbent du CO_2 et relâchent de l'oxygène lorsqu'elles sont exposées à la lumière. Dans le noir, le processus est inversé.

C'est la « photosynthèse » (composition par la lumière). La photosynthèse permet aux plantes d'utiliser le carbone du dioxyde de carbone pour leur croissance.

C'est la réaction chimique la plus importante de la nature : elle fournit de l'oxygène à l'atmosphère et alimente les plantes qui fournissent de l'énergie à la plupart des êtres vivants. Depuis sa découverte par Ingenhousz, notre connaissance de la photosynthèse a beaucoup évolué. Deux types de réactions se produisent dans les plantes : à la lumière, l'énergie solaire est absorbée par la chlorophylle, un pigment vert, puis convertie en énergie chimique, tandis que l'eau est séparée en oxygène et hydrogène. Dans le noir, le CO_2 est transformé en sucre. Ainsi, la photosynthèse transforme l'énergie solaire en énergie chimique dont les plantes ont besoin pour convertir des composés pauvres en énergie, CO_2 et eau, en composés plus riches, sucre et oxygène.

Les scientifiques cherchent aujourd'hui à créer des systèmes photosynthétiques artificiels capables de recueillir l'énergie solaire. En théorie, cette énergie peut être ensuite restituée par ces systèmes sous deux formes : électrons (c'est-à-dire de l'électricité) ou hydrogène (carburant non polluant pouvant dégager de la chaleur ou produire de l'électricité). Si les scientifiques parvenaient à reproduire la photosynthèse, nous posséderions une nouvelle source d'énergie renouvelable non polluante.

Voir : Le cycle de Calvin de la photosynthèse, **p. 180**

1785
FRANCE

La loi de Coulomb

Charles de Coulomb (1736-1806)

La force d'attraction ou de répulsion entre deux charges électriques est directement proportionnelle au produit des deux charges et inversement proportionnelle au carré de la distance les séparant.

La région entourant un objet chargé et dans laquelle il exerce une force est appelée champ électrique. Un autre objet chargé placé dans ce champ subira une force. C'est cette force que la loi de Coulomb permet de calculer.

En 1733, Charles François du Fay (1698-1739), un botaniste français, observa que des types différents de charges étaient produits par la friction du verre et celle de la résine : une feuille d'or électrifiée au moyen d'un tube de verre frotté est repoussée par le verre, mais attirée par la résine frottée. Il réalisa d'autres expériences montrant que l'ambre chargé était attiré par certains corps chargés mais repoussé par d'autres. Il en conclut qu'il y avait deux types d'électricité, qu'il nomma « vitreuse » (du verre) et « résineuse » (de l'ambre et des résines). On montra plus tard que les charges électriques peuvent être positives ou négatives et que deux charges de même nature se repoussent tandis que deux charges de natures opposées s'attirent.

Coulomb, un physicien français, réalisa une étude détaillée des phénomènes d'attraction et de répulsion électriques et en conclut que les forces électriques obéissent au même type de loi que la gravitation (p. 38). L'unité de charge électrique, le coulomb (C), lui rend hommage.

Voir : La bouteille de Leyde, **p. 48**

Le principe d'actualisme de Hutton

James Hutton (1726-1797)

Les phénomènes géologiques terrestres peuvent s'expliquer en termes de processus naturels tels que l'érosion et la poussée. Ces processus sont actuellement à l'œuvre à la surface et à l'intérieur de la Terre et agissent uniformément sur des temps immensément longs.

La Terre s'est modifiée graduellement *via* des processus naturels et continuera de changer sous l'effet de ces mêmes processus. La découverte de l'uniformitarisme, ou actualisme, marqua un tournant dans l'histoire de la géologie : elle devint dès lors une science, dont Hutton est aujourd'hui considéré comme le fondateur.

Hutton était médecin de formation mais c'est par l'agriculture qu'il fit fortune. Cette activité suscita chez lui une fascination pour les sols, les roches et les surfaces ondulantes de la Terre. Il abandonna l'agriculture en 1768 pour se consacrer à la géologie. À l'époque, les scientifiques pensaient que la planète Terre n'était vieille que de quelques milliers d'années et que seuls des cataclysmes pouvaient changer son aspect. Hutton avança que l'agent principal du changement était la chaleur interne de la Terre et proposa un principe d'actualisme, qui nécessitait une très longue période pour modeler la Terre. Son assertion « nous ne trouvons nul vestige d'un commencement – nulle perspective d'une fin » le fit accuser d'athéisme.

L'article original de Hutton, présenté à la Royal Society d'Édimbourg en 1785, ne suscita que peu d'intérêt. En 1795, il publia ses idées dans un livre, *Théorie de la Terre*, qui fut lui aussi ignoré par ses contemporains. Ce fut Lyell, en 1830, qui reprit et développa le principe de Hutton.

Voir : L'actualisme de Lyell, **p. 75**

1787
FRANCE

LA LOI DE CHARLES

Jacques Charles (1746-1823)

Le volume d'une masse donnée de gaz, à pression constante, est directement proportionnel à sa température absolue.

En d'autres termes, si vous doublez la température d'un gaz, vous doublez son volume. En équations, cela donne : V/T = constante, ou $V_1 / T_1 = V_2 / T_2$, où V_1 est le volume du gaz à la température T_1 (en kelvin) et V_2 son volume à la température T_2.

Le 27 août 1783, Charles, accompagné des frères Robert, réalisa le premier vol habité à bord d'un ballon. Leur ballon à hydrogène s'éleva à une altitude de 914 m au-dessus de Paris. Charles atteignit les 3 000 m lors d'un vol ultérieur. Son intérêt pour les gaz conduisit Charles à la découverte de sa célèbre loi, qui, avec la loi de Boyle (p. 33) est toujours connue aujourd'hui de tout étudiant en chimie.

Ces deux lois peuvent être exprimées au moyen d'une seule équation, pV/T = constante. Si l'on ajoute la loi d'Avogadro (p. 68), la relation devient pV/nT = constante, n étant le nombre de molécules ou le nombre de « moles ». La constante qui apparaît dans cette équation est appelée constante des gaz parfaits et notée R. L'équation, dite **équation du gaz parfait,** s'écrit généralement $pV = nRT$. En toute rigueur, elle ne s'applique qu'aux gaz parfaits : un gaz parfait remplit toutes les hypothèses de la théorie cinétique des gaz (p. 45). Il n'existe pas de gaz parfait dans la nature, mais sous certaines conditions tous les gaz réels ont un comportement voisin de celui d'un gaz parfait.

La loi de conservation de la masse de Lavoisier

Antoine Lavoisier (1743-1794)

Au cours d'une réaction chimique, la masse totale des réactifs est égale à la masse totale des produits de la réaction.

Aucune masse n'est créée ni détruite au cours d'une réaction chimique. Cette loi tient toujours aujourd'hui.

Lavoisier fut le premier à montrer que l'air et l'eau n'étaient pas des éléments, comme on le pensait depuis des siècles, mais des composés chimiques. Il invalida également la théorie très en vogue du « phlogistique » selon laquelle se dégagerait lors des combustions une substance sans masse appelée « phlogistique », du grec *phlogiston*. Brûlés dans l'air, les métaux (considérés comme riches en phlogistique) se transformaient en chaux (ce que l'on appelle aujourd'hui oxyde), et la perte de masse s'expliquait par la perte de phlogistique. Lavoisier démontra que la combustion était une réaction chimique dans laquelle un combustible réagissait avec l'oxygène. Ses expériences fondatrices valent à Lavoisier d'être aujourd'hui considéré comme le père de la chimie moderne. Sa femme, Marie-Anne Pierrette Paulze l'assista dans la plus grande partie de son travail expérimental et illustra son célèbre *Traité Élémentaire de Chimie*.

Lavoisier, comme la plupart des Fermiers généraux, fut condamné à mort pendant la Révolution. Après sa condamnation, Lavoisier demanda à ce que deux semaines lui fussent accordées afin de lui permettre de terminer une expérience. La légende veut que le président du tribunal lui ait répondu : « La République n'a pas besoin de savants ni de chimistes, le cours de la justice ne peut être suspendu. » Lavoisier fut guillotiné.

Le concept de courant électrique, Galvani et Volta

Luigi Galvani (1737-1798)
Alessandro Volta (1745-1827)

Galvani : Pour faire apparaître un courant électrique il faut mettre en contact un tissu animal et deux métaux différents.
Volta : L'apparition d'un courant électrique ne dépend pas de la présence de tissus animaux, elle peut provenir de produits chimiques.

Bien sûr, Galvani avait tort et Volta raison.

Galvani, très distingué professeur d'anatomie à l'université de Bologne en Italie, écrivait en 1792 : « Je suis attaqué par deux parties d'opposition – les lettrés et les ignorants. Tous deux se rient de moi et m'appellent le Maître de Danse de la Grenouille. Mais je sais que j'ai découvert une des forces fondamentales de la nature. » Il était en effet bel et bien vrai qu'il avait découvert une force de la nature – le courant électrique.

Un jour que la femme de Galvani était malade, le médecin lui prescrivit de la soupe de grenouille et Galvani décida de la préparer lui-même. Les expériences culinaires des maris méritent généralement d'être enregistrées. Il consigna donc dans son journal : « Assis sur le balcon, je découpai quelques grenouilles et suspendis leurs pattes, que j'avais séparées de leurs corps, à une balustrade de fer, devant moi, au moyen de petits hameçons de cuivre que j'utilisais dans mes expériences. Quel ne fut pas mon étonnement quand je vis les pattes des grenouilles s'agiter convulsivement à chaque fois qu'elles venaient à toucher, par hasard, le fer de la balustrade. »

L'histoire ne dit pas combien de temps il fallut pour que la Signora Galvani recouvrît la santé grâce à la soupe de grenouille préparée par son mari attentionné, mais il est bien connu dans l'histoire des sciences que les observations de Galvani ouvrirent la voie à la découverte du courant électrique. Galvani réalisa une série d'expériences et conclut finalement qu'il avait découvert « l'électricité animale ». Il développa sa théorie selon laquelle les muscles des grenouilles étaient la source de l'électricité. En 1791, il publia ses découvertes dans un livre *(Commentaire sur l'Effet de l'Électricité dans le Mouvement Musculaire)*.

Pendant des années, plusieurs scientifiques réalisèrent des expériences sur les pattes de grenouilles, sans se soucier des conséquences pour les gourmets : leurs activités créa en effet une pénurie de cuisses de grenouille. L'un de ces savants était Volta. Il ne put trouver d'électricité dans les cuisses de grenouille et rejeta donc la théorie de Galvani d'une « électricité animale ». Il soutint, à raison, que les métaux étaient la source de l'électricité, et non pas les muscles des grenouilles. La méthode de Volta pour produire de l'électricité impliquait l'utilisation de disques de cuivre et de zinc plongés dans une solution salée. Il imagina qu'une charge beaucoup plus grande pouvait être produite en empilant plusieurs disques séparés par des cartons imbibés de sel en solution. En attachant des fils à chaque extrémité de cette « pile », il parvint effectivement à obtenir un courant continu. La « pile voltaïque » fut la première batterie de l'histoire.

Le volt, l'unité de potentiel électrique, rend hommage à Volta. Et bien que la théorie de l'« électricité animale » de Galvani ne fût pas d'une importance majeure, il atteignit néanmoins lui aussi la postérité lexicale : comme « volt », les mots « galvaniser » (électriser ou, au sens figuré, donner une impulsion nouvelle) et « galvanomètre » (un instrument pour mesurer les courants faibles) font partie de la langue moderne.

Voir : La loi d'Ohm, **p. 74**

1798
ANGLETERRE

LA THÉORIE DE LA CHALEUR DE RUMFORD

Benjamin Thompson (1753-1814) connu sous le nom de Comte Rumford

Il est possible de convertir le travail mécanique en chaleur. La chaleur est l'énergie du mouvement des particules.

Les développements scientifiques ultérieurs permirent d'approfondir la théorie de Rumford. Aujourd'hui, nous savons que la chaleur est une forme d'énergie associée au mouvement aléatoire des atomes ou des molécules. La température est liée à la chaleur d'un objet.

Au XVIIIe siècle, les scientifiques imaginaient la chaleur comme l'écoulement d'une substance fluide appelée « calorique ». Chaque corps contenait une certaine quantité de calorique. Si une partie de ce calorique s'écoulait vers l'extérieur, la température du corps diminuait ; si une quantité de calorique rejoignait le corps, elle augmentait. Mais la théorie du calorique ne pouvait expliquer le fait que la friction générât de la chaleur.

Thompson fut un jour surpris de remarquer que l'usinage d'un canon dégageait une grande quantité de chaleur. Il conçut une expérience dans laquelle un canon de fusil en laiton et une mèche d'acier émoussée étaient plongés dans l'eau, à l'intérieur d'une caisse de bois. Au moyen de deux chevaux, le canon fut mis en rotation durant deux heures et demie. « Il serait difficile de décrire la surprise et l'étonnement manifestés par les spectateurs, à la vue de cette grande quantité d'eau froide réchauffée, et même amenée à ébullition, sans le secours du feu », écrivit-il.

Rumford, né aux États-Unis, fut probablement l'un des personnages scientifiques les plus remarqués du XIXe siècle. Il fonda la Royal Institution de Londres et inventa le calorimètre, un dispositif permettant de mesurer la chaleur.

Le malthusianisme

Thomas Malthus (1766-1814)

Sans limitation, la population humaine croîtrait géométriquement (1, 2, 4, 8, 16...), tandis que les ressources alimentaires ne pourraient croître qu'arithmétiquement (1, 2, 3, 4, 5...). En deux siècles, le rapport entre la population et les ressources alimentaires serait de 256 à 9.

Cette sinistre prédiction ne s'est jamais réalisée, essentiellement grâce au progrès rapide des techniques agricoles. Cependant, les idées de Malthus n'ont pas été oubliées, même au XXIe siècle. Elles sont à la base des théories modernes sur les relations entre économie, population et environnement.

Quand Malthus publia son *Essai sur le Principe de Population*, il suscita beaucoup d'intérêt de la part du public et plaça son auteur, jusqu'alors obscur curé de campagne, au centre d'une controverse politique sur la population. L'essai fut accusé d'être sacrilège, athée et subversif.

« Mais la science progresse aussi vite que la population [...] Dans les conditions les plus normales, la connaissance croît elle aussi géométriquement – et qu'y a-t-il d'impossible pour la science ? » remarquait le cofondateur du communisme, Friedrich Engels, en critiquant l'essai de Malthus, l'accusant de sous-estimer la portée du progrès scientifique. Ironie du sort, cet essai exerça justement une influence profonde sur l'avancée de la science. Il inspira Darwin dans sa formulation de la théorie de l'évolution (p. 98). Dans son livre *De l'origine des espèces*, Darwin écrivit en effet que sa théorie « n'est rien autre que la doctrine de Malthus appliquée avec une force démultipliée aux règnes animal et végétal dans leur ensemble ».

1799
FRANCE

La loi de la composition constante de Proust

Joseph-Louis Proust (1754-1826)

Les composés chimiques contiennent des éléments en proportions définies et constantes.

Dans les livres de chimie, cette loi est maintenant simplement appelée loi de la composition constante ou loi des proportions définies.

Claude Louis Berthollet (1748-1822), figure tutélaire de la science en France à l'époque, rejeta l'idée de Proust. Berthollet pensait que la force de l'affinité chimique, comme la gravitation, devait être proportionnelle aux masses des substances. Il soutenait que la composition des composés pouvait varier très largement. Proust démontra que les expériences de Berthollet n'étaient pas réalisées sur des composés purs mais sur des mélanges. Ainsi, pour la première fois, quelqu'un faisait clairement la distinction entre mélange et composé.

Lorsque Dalton proposa sa théorie atomique (p. 65), la loi de Proust joua en sa faveur. En effet, selon la théorie atomique, les atomes s'assemblent toujours en nombres ronds. Par exemple, toutes les molécules d'eau sont constituées de deux atomes d'hydrogène et d'un atome d'oxygène. Les molécules d'eau ont donc toutes la même composition. La loi de Proust fut également vérifiée par l'expérience. L'eau se compose par exemple toujours de 11,2 pour cent d'hydrogène et de 88,8 pour cent d'oxygène.

Ces dernières années, les chimistes ont découvert certains composés rares dont les éléments ne se combinent pas toujours dans le même rapport. Ces composés ont été baptisés « berthollides » (les composés dont les éléments se combinent toujours dans des rapports simples sont parfois appelés « daltonides »).

La loi de Dalton des pressions partielles

John Dalton (1766-1844)

La pression totale d'un mélange de gaz est la somme des pressions partielles exercées par chacun des gaz présents dans le mélange.

Chacun des gaz présents dans un mélange gazeux exerce une pression égale à la pression qu'il exercerait s'il était présent seul dans le volume contenant le mélange. Cette pression est appelée pression partielle.

Dalton était un fervent météorologue amateur, tenant un journal – dans lequel il consigna plus de 20 000 observations météorologiques – durant 57 ans, jusqu'à la veille de sa mort. Ces observations le conduisirent à l'étude des gaz et sa loi des pressions partielles contribua au développement de la théorie cinétique des gaz (p. 45).

Fils d'un humble tisserand *Quaker* vivant dans le petit village anglais d'Eaglesfield, Dalton fréquenta l'école locale et fit montre très jeune de capacités prometteuses en mathématiques et en science. Vers l'âge de 25 ans, il accéda à un poste de professeur en mathématique à Manchester, où il passa le reste de sa vie à mener des recherches. Il fut le premier à étudier sérieusement le daltonisme, affection dont il souffrait et à laquelle on donne aujourd'hui son nom. À sa mort, plus de 40 000 personnes vinrent rendre hommage à un homme modeste doublé d'un grand génie.

Voir : La théorie atomique de Dalton, p. 65

1801
ANGLETERRE

LE PRINCIPE D'INTERFÉRENCE D'YOUNG

Thomas Young (1773-1829)

Les interférences entre des ondes peuvent être constructives ou destructives.

Le principe d'Young permit de faire avancer la théorie de la lumière, théorie à laquelle Newton et Huygens s'étaient intéressés. Einstein et Planck apportèrent des avancées ultérieures.

La théorie ondulatoire de Huygens (p. 41) avait été laissée de côté pendant plus d'un siècle lorsqu'elle fut remise au goût du jour par Young au début du dix-neuvième siècle. Young rejeta l'idée de Newton selon laquelle une nature ondulatoire empêcherait la lumière de se propager en ligne droite et rendrait donc impossible la formation d'ombres aux bords nets. Il affirma que si la longueur d'onde de la lumière était suffisamment courte, la lumière ne se disperserait pas au niveau des angles et les ombres pourraient paraître nettes. Son principe d'interférence fournit des éléments probants en faveur de la théorie ondulatoire.

Il illustra ce principe par une expérience simple, connue aujourd'hui de tous les étudiants en physique sous le nom d'expérience des fentes d'Young. Dans son expérience initiale, Young laissait un rayon de soleil pénétrer dans une chambre noire à travers un trou d'épingle. Le rayon passait ensuite à travers deux fentes faiblement espacées ouvertes dans un écran de carton et le résultat attendu était deux bandes brillantes sur l'écran placé derrière les fentes. Mais au lieu de cela, Young observa une série de bandes alternativement sombres et éclairées. L'explication que donna Young de ces bandes, aujourd'hui appelées franges d'interférence, était qu'elles étaient l'effet produit par une onde lumineuse interférant avec une autre onde lumineuse. Deux ondes lumineuses identiques se propageant dans la même direction, soit se renforcent (interférence constructive), soit s'annulent (interférence destructive). Cet effet est semblable à celui produit lorsque l'on lance deux cailloux dans un plan d'eau.

L'expérience d'Young démontrait que la lumière se composait d'ondes, mais aussi brillant que fut Young – il savait lire à 2 ans et parlait 5 langues à 14 ans – il ne put donner de cadre mathématique à son expérience. Ceci fut l'œuvre du physicien français Augustin Fresnel (1788-1827). La compréhension de la nature de la lumière fut ensuite développée plus avant par Einstein en 1905, lorsqu'il montra que la transmission de la lumière se faisait *via* de minuscules particules appelées photons. La vision actuelle de la lumière réconcilie les points de vue ondulatoire et corpusculaire en se fondant sur la théorie quantique (p. 128) : la lumière, en tant qu'onde électromagnétique, est véhiculée par des photons dont la propagation est régie par des ondes. C'est ce que l'on appelle la « dualité onde-corpuscule ».

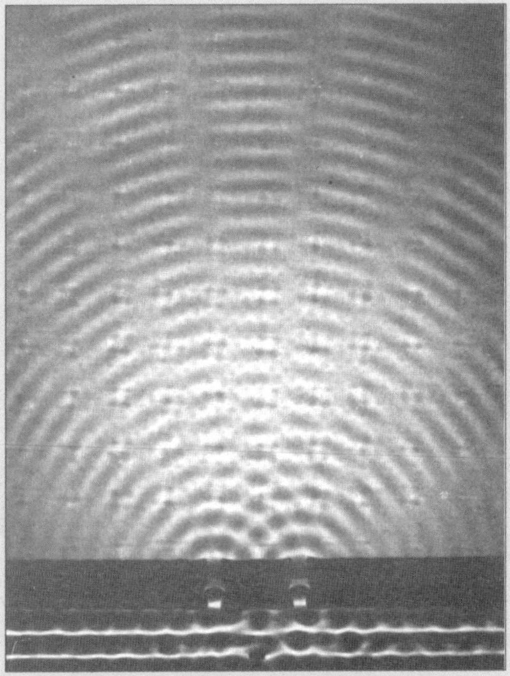

Un motif complexe d'interférences à la fois constructives et destructives.

La classification des nuages

Luke Howard (1772-1864)

Tous les nuages peuvent être classés en trois familles : les cirrus (semblables à des cheveux), les cumulus (en bouffées) et les stratus (en couches). Parmi les types combinés : cirrocumulus, cirrostratus, cumulostratus et cumulocirrostratus ou nimbus (nuages de pluie).

La classification moderne est basée sur ces trois familles fondamentales.

Howard, météorologue amateur, présenta sa classification (qu'il appelait « variation des nuages ») lors d'une conférence en 1802. Un compte rendu détaillé en fut donné dans le *Philosophical magazine* en 1803. La théorie de Howard fut bien accueillie par les savants de son époque et Howard devint une célébrité scientifique.

Dans le premier *Atlas international des nuages*, publié en 1896, les nuages étaient classés en fonction de leur altitude, mais la nomenclature était celle de Howard. Dans cette classification en dix parties, les nuages les plus élevés reçurent le numéro neuf. L'édition de 1995 de l'atlas donne une liste de la terminologie actuelle relative aux nuages, dont nous reproduisons les éléments dans le tableau ci-dessous.

Nuages élevés (+ de 6 km du sol)	Nuages moyens (entre 2 et 6 km)	Nuages bas (moins de 2 km)	Nuages s'étendant sur les trois niveaux d'altitude
1. cirrus	4. altocumulus	7. stratocumulus	10. cumulonimbus
2. cirrocumulus	5. altostratus	8. stratus	
3. cirrostratus	6. nimbostratus	9. cumulus	

La théorie atomique de Dalton

John Dalton (1766-1844)

Toute la matière est constituée d'atomes que l'on ne peut ni créer, ni détruire, ni subdiviser. Les atomes d'un élément sont tous identiques entre eux et différents de ceux des autres éléments. Toute réaction chimique résulte de la combinaison ou de la séparation d'atomes.

Bien sûr, nous savons aujourd'hui que les atomes ne sont ni indestructibles ni indivisibles.

Les atomes nous apparaissent comme une évidence, mais lorsque Dalton publia sa théorie atomique, nombreux étaient les scientifiques qui se riaient de l'idée même d'atome. Humphrey Davy (1778-1829), le chimiste le plus reconnu d'Angleterre à l'époque, considérait par exemple la théorie atomique comme un « tissu d'inepties ». Le chimiste français Claude Berthollet (1748-1822) se contentait d'être sceptique. Certains allèrent jusqu'à déclarer que Dalton était en proie à des hallucinations – qu'il s'imaginait voir partout de petites billes atomiques. Mais au fil des ans, la communauté scientifique se rallia à l'idée atomique. Nous savons aujourd'hui que la théorie de Dalton constitue un des piliers sur lesquels repose la chimie.

Dalton examina diverses substances dans lesquelles deux éléments forment plusieurs types de composés et en conclut que si deux éléments A et B, en se combinant, peuvent former plusieurs types de composés, les différentes masses de A susceptibles de se combiner avec une masse donnée de B sont toutes dans des rapports exprimables avec des nombres entiers : c'est la **loi des proportions multiples**.

Voir : Démocrite et la théorie atomique, **p. 9**; La loi de Dalton des pressions partielles, **p. 61**

1808
FRANCE

Le rapport des volumes des gaz

Louis Joseph Gay-Lussac (1778-1850)

Les volumes de gaz susceptibles de réagir ensemble, ou bien produits lors d'une réaction chimique, sont toujours dans les rapports les plus simples.

Par exemple, un volume d'azote et trois volumes d'hydrogène réagissent ensemble pour produire deux volumes d'ammoniac. Les rapports entre ces volumes sont 1, 3 et 2.

Gay-Lussac était un expérimentateur hors pair et c'est en se fondant sur de nombreux résultats expérimentaux qu'il énonça sa loi. Mais il ne se soucia jamais d'expliquer pourquoi les gaz se comportaient de cette manière : ce fut Avogadro (p. 68) qui fournit une explication.

En 1805, Gay-Lussac collabora avec l'explorateur allemand Alexander von Humboldt (1769-1859) sur une série d'expériences visant à déterminer le rapport dans lequel hydrogène et oxygène se combinent pour former de l'eau. Certaines de ces expériences nécessitaient l'utilisation de récipients aux fines parois de verre, qu'il fallait importer d'Allemagne. Or, à cette époque, les taxes douanières françaises étaient très élevées. Pour éviter d'avoir à les payer, le très ingénieux Humboldt eut une idée : il donna pour instruction aux souffleurs de verre allemands de sceller les longs goulots des carafes et de les étiqueter ainsi : « Air d'Allemagne : Fragile ». Les douaniers français, ne trouvant aucune rubrique pour l'air d'Allemagne dans leur liste de denrées à taxer les laissèrent passer. Ainsi, l'ingéniosité de Humboldt contribua-t-elle peut-être à l'énoncé d'une loi que tout étudiant en chimie est amené à potasser.

Le lamarckisme

Jean-Baptiste Lamarck (1744-1829)

Les caractères acquis par une génération peuvent être hérités par la suivante.

La théorie de Lamarck fut écartée après la publication des théories de Darwin (p. 98) et Mendel (p. 103).

Le lamarckisme demeure indéfectiblement associé au cou de la girafe : c'est à celui-ci que font appel les auteurs des manuels pour expliquer la théorie de Lamarck : les ancêtres des girafes avaient des cous plus courts, qu'elles devaient constamment tendre pour essayer d'atteindre le feuillage des grands arbres. Le cou légèrement plus long ainsi acquis était transmis à la génération suivante et cet allongement du cou de génération en génération finit par conduire aux girafes à long cou que nous connaissons aujourd'hui.

Dans son ouvrage *Philosophie Zoologique*, publié en 1809 (l'année de la naissance de Darwin), Lamarck citait de nombreux exemple pour illustrer sa théorie : comment le héron avait acquis ses longues pattes, la girafe son grand cou, le fourmilier sa longue langue et ainsi de suite. « Relativement aux habitudes, il est curieux d'en observer le produit dans la forme particulière et la taille de la girafe, écrivait-il. On sait que cet animal, le plus grand des mammifères [...] est obligé de brouter le feuillage des arbres, et de s'efforcer continuellement d'y atteindre. Il est résulté de cette habitude soutenue depuis longtemps, dans tous les individus de sa race, [...] que son col s'est tellement allongé, que la girafe, sans se dresser sur ses jambes de derrière, élève sa tête et atteint à six mètres de hauteur. » Ses collègues biologistes, cependant, rejetèrent ses idées, les regardant comme des « spéculations sans valeur et non scientifiques ».

1811
ITALIE

La loi d'Avogadro

Amedeo Avogadro (1776-1856)

Aux mêmes conditions de température et de pression, des volumes de gaz égaux, quels que soient les gaz, contiennent le même nombre de molécules.

Bien que correcte, la théorie d'Avogadro passa inaperçue pendant près de 50 ans.

En 1811, lorsque Avogadro proposa sa loi, les connaissances relatives aux atomes et aux molécules étaient très faibles. Avogadro avait compris que la loi de Gay-Lussac (p. 66) offrait un moyen de démontrer qu'un atome et une molécule n'étaient pas la même chose. Il suggéra que les particules (aujourd'hui appelées molécules) qui composaient l'azote gazeux étaient constituées de deux atomes ; la molécule d'azote s'écrit donc N_2. De même, la molécule d'hydrogène est H_2. Lorsqu'un volume (une molécule) d'azote se combine avec trois volumes (trois molécules) d'hydrogène, deux volumes (deux molécules) d'ammoniac NH_3 sont produits. Mais l'idée de molécules constituées d'atomes liés entre eux ne correspondait à rien pour les chimistes de l'époque. Aussi la loi d'Avogadro fut-elle oubliée jusqu'à ce qu'en 1858 le chimiste italien Stanislao Cannizzaro (1826-1910) expliquât la nécessité de faire la distinction entre atomes et molécules.

De la loi d'Avogadro, l'on peut déduire qu'un nombre donné de molécules de gaz, quel que soit le gaz, doit avoir le même volume à des conditions de température et de pression données. Ce nombre a depuis été mesuré expérimentalement : il est égal à $6{,}0221367 \times 10^{23}$ qui est appelé **nombre d'Avogadro** (ou constante d'Avogadro). Tout étudiant en chimie connaît cette pierre angulaire de la discipline.

LA THÉORIE ÉLECTROMAGNÉTIQUE D'ŒRSTED

Hans Christian Œrsted (1777-1851)

Les courants électriques produisent un champ magnétique.

L'aiguille d'une boussole dévie lorsque l'on place celle-ci à proximité d'un fil parcouru par un courant.

Œrsted, qui était professeur de physique à l'université de Copenhague, envisageait depuis longtemps l'existence d'un lien entre électricité et magnétisme. Un jour, lors d'un de ces cours, il plaça un fil parcouru par un courant perpendiculairement à une boussole située en dessous. Aucun effet ne fut observé mais, lorsque plusieurs étudiants vinrent le voir après le cours, il posa par hasard le fil parallèlement à l'aiguille de la boussole qui était restée sur la paillasse et, à sa grande surprise, il vit l'aiguille se détourner du nord pour finir par se positionner perpendiculairement au fil. L'aiguille revint au nord quand il éteignit le courant. Il inversa le sens de circulation du courant dans le fil et, cette fois-ci, l'aiguille fut déviée dans l'autre direction. Œrsted fut frappé d'observer cet effet du courant électrique sur le champ magnétique.

Toute l'utilité pratique de l'électricité à notre époque est fondée sur ce lien entre électricité et magnétisme. Si c'est un « accident » qui conduisit à sa découverte, souvenons-nous que le mathématicien français Joseph Lagrange (1736-1813) dit un jour : « de tels accidents n'arrivent qu'à ceux qui les méritent ». Bien qu'Œrsted ait découvert l'électromagnétisme, il n'en fit guère plus dans ce domaine. Cette tâche échut à Ampère (p. 73).

Voir : Fleming et les règles des trois doigts, **p. 118**

1823
ALLEMAGNE

LE PARADOXE D'OLBERS

Heinrich Wilhelm Olbers (1758-1840)

Pourquoi le ciel nocturne est-il noir ?

Cette question faussement simple tint les astronomes en échec pendant des siècles. Et, non, la réponse n'est pas : « Parce que, la nuit, le soleil est de l'autre côté de la Terre ».

Olbers mit en avant le fait que s'il y avait un nombre infini d'étoiles distribuées de manière régulière dans l'espace, le ciel nocturne devrait briller uniformément – avec un éclat de surface semblable à celui du Soleil. Il pensait que les ténèbres du ciel nocturne étaient dues à l'absorption de lumière par l'espace interstellaire.

Mais il se trompait. La question posée par Olbers demeura un paradoxe jusqu'à ce que les astronomes découvrent, en 1929, que les galaxies s'éloignent de nous et que l'univers est en expansion. Les galaxies lointaines s'éloignent de nous à une vitesse si grande que cela diminue l'intensité de la lumière que nous recevons d'elles. En outre, cette lumière se décale légèrement vers la partie rouge du spectre. Or, la lumière rouge possède moins d'énergie que la lumière bleue. Ces deux effets réduisent de manière significative la lumière que nous recevons des galaxies lointaines, ne nous laissant que les étoiles voisines, qui nous apparaissent comme des points lumineux dans un ciel sombre. Cependant, si l'univers était infini, stationnaire et empli uniformément d'étoile, notre regard finirait toujours par rencontrer la surface d'une étoile et le ciel tout entier serait alors brillant.

Voir : La loi de Hubble, **p. 153**

Le cycle de Carnot

Nicolas Sadi Carnot (1758-1840)

Le cycle de Carnot est le cycle d'efficacité maximale pour une machine thermique réversible. Il illustre le lien entre l'efficacité de cette machine et l'éventail de températures à l'intérieur duquel elle fonctionne.

Le cycle de Carnot présente quatre phases réversibles : compression adiabatique et expansion isotherme à température élevée ; expansion adiabatique et compression isotherme à basse température (adiabatique = pas d'échange de chaleur avec l'extérieur ; isotherme = à température constante). Le cycle de Carnot joua un rôle important dans le développement de la thermodynamique.

Carnot avait 24 ans lorsqu'il commença ses études sur l'efficacité des machines à vapeur. Quatre ans plus tard, il publia ses découvertes dans son ouvrage *Réflexions sur la puissance motrice du feu*, qui fut l'acte fondateur de la thermodynamique. Carnot suggéra que la puissance motrice (ce par quoi il désignait le travail et l'énergie) d'une machine thermique découlait de l'échange de chaleur accompagnant une baisse de température. Ainsi, une machine thermique pouvait être vue comme un moulin à eau dont la force motrice vient du passage de l'eau d'une altitude élevée à une altitude plus basse.

Les scientifiques comprirent toute l'importance des *Réflexions* en 1878, lorsque le frère de Carnot découvrit des notes manuscrites contenant des éléments supplémentaires venant étayer sa théorie. Ces notes, écrites entre la publication des *Réflexions* et la mort de Carnot, comprenaient également une estimation remarquablement précise de l'équivalent mécanique de la chaleur (p. 90).

1827
Écosse

Le mouvement brownien

Robert Brown (1773-1858)

Des particules solides minuscules, placées en suspension dans un fluide, sont animées continuellement d'un mouvement aléatoire.

Ce mouvement est causé par les collisions incessantes entre les particules en suspension et les molécules du fluide. On peut également l'observer faisant danser les particules de poussières dans un rayon de soleil.

Un jour d'été, Brown observait au microscope de minuscules grains de pollen dans l'eau. Il remarqua que ces grains se déplaçaient de manière très irrégulière, alors même que l'eau semblait immobile. Il étudia d'autres particules de poussière en suspension dans l'eau et remarqua qu'elles aussi exhibaient ce mouvement aléatoire.

En 1905, Einstein donna une description mathématique du mouvement brownien, qu'il utilisa pour calculer approximativement la taille et la masse des atomes et des molécules. Grâce à lui, nous savons aujourd'hui que le mouvement des grains de pollen observé par Brown était dû aux collisions aléatoires des molécules d'eau.

Brown accompagna Matthew Flinders lors de son voyage en Australie à bord de l'*Investigator* (1801-1803). Il en revint avec plus de 4 000 spécimens de plantes, dont plus de la moitié étaient alors inconnus. Brown est également connu pour avoir identifié un élément caractéristique des cellules, qu'il appela noyau. Les cellules des plantes avaient été découvertes, elles, par Hooke (*cf.* p. 34), qui les avaient ainsi nommées parce qu'elles lui avaient rappelé les cellules des moines dans les monastères.

LA LOI D'AMPÈRE

André-Marie Ampère (1775-1836)

Deux fils parcourus par un courant s'attirent si leurs courants circulent dans la même direction, mais se repoussent si les courants sont de sens opposés. La force d'attraction ou de répulsion est directement proportionnelle à l'intensité du courant et inversement proportionnelle au carré de la distance entre les fils.

Cette loi contribua au développement d'un nouveau champ d'étude appelé électromagnétisme.

Ayant eu connaissance des expériences d'Œrsted sur les interactions entre une boussole et un fil électrique (*cf.* p. 69), le physicien français François Arago (1786-1853) les reproduisit devant l'Académie des sciences de Paris. Ampère, qui avait assisté à cette démonstration, en généralisa les conclusions : l'effet magnétique résultait du mouvement circulaire d'un courant électrique, il augmentait lorsque les fils étaient enroulés en bobines. Une barre de fer placée au centre de la bobine devenait un aimant.

Ampère avait toujours un morceau de craie sur lui et avait l'habitude d'utiliser n'importe quelle surface s'y prêtant comme tableau dès qu'une idée nouvelle lui venait. Un jour, ce fut l'arrière d'un fiacre qui lui tomba sous la main – quelle ne fut pas sa surprise de voir son « tableau » couvert d'équations partir au trot ! Le nom d'Ampère est honoré à travers l'unité d'intensité électrique et est ainsi passé dans le langage courant (qui n'a jamais entendu parler de fusibles de 10 ampères ?)

Voir : La loi d'Ohm, **p. 74**

1827
ALLEMAGNE

LA LOI D'OHM

Georg Simon Ohm (1789-1854)

Dans un conducteur, l'intensité du courant électrique est proportionnelle à la différence de potentiel.

Sous forme mathématique, *U* = *RI*, *I* étant l'intensité, *U* la différence de potentiel (ou tension) et *R* une constante appelée résistance du conducteur.

Ohm publia sa loi dans un livre intitulé *Un tissu de fantaisies* : le ministre allemand de l'éducation déclara qu'« un physicien professant de telles hérésies n'était pas digne d'enseigner la science » et le renvoya. La mémoire d'Ohm est aujourd'hui honorée à travers l'unité de résistance électrique, qui porte son nom. Si nous écrivons la loi d'Ohm en remplaçant les *U*, *R* et *I* par les unités leur correspondant, cela donne : volts = ohms × ampères. Il s'agit certes d'une coïncidence, mais cette loi réunit trois savants de trois nationalités différentes – italienne, allemande et française.

La loi d'Ohm établit le lien entre tension (différence de potentiel), intensité et résistance, et donc, ce faisant, entre Volta, Ampère et Ohm.

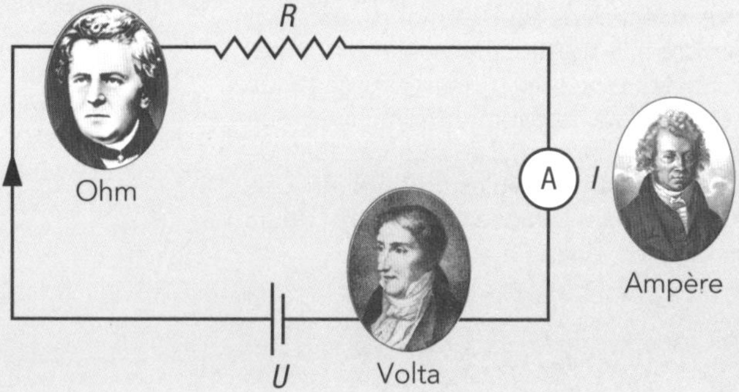

Voir : Le concept de courant électrique, Galvani et Volta, **p. 56 ;**
La loi d'Ampère, **p. 73**

L'ACTUALISME DE LYELL

Charles Lyell (1797-1875)

Considérer des temps extrêmement longs permet de comprendre que les processus responsables des transformations géologiques ont toujours été les mêmes que ceux d'aujourd'hui.

La théorie de Lyell remit au goût du jour, en le développant, le principe d'actualisme de Hutton.

Nous savons aujourd'hui que la Terre est vieille d'environ 4,6 milliards d'années, mais, au début du XIXe siècle, la plupart des gens pensaient que la Terre n'avait qu'environ 6 000 ans. Ils pensaient également que des phénomènes géologiques tels que la formation de montagnes et de vallées procédaient de phénomènes cataclysmiques, comme le Déluge. Cette théorie sur l'histoire de la Terre était connue sous le nom de « catastrophisme ».

Dans son ouvrage, *Les principes de la géologie*, publié en trois volumes entre 1830 et 1833, Lyell rejetaient ces idées pluriséculaires et soutenait que la Terre était très vieille et en perpétuel changement. Lyell, né l'année de la mort de Hutton, accepta les idées de Hutton sur l'actualisme et les étaya par une quantité considérable de données expérimentales. L'influence de cette technique sur Darwin fut telle qu'il eut recours lui aussi à cette méthode, consistant à étayer une théorie par l'observation dans son livre, *De l'origine des espèces* (p. 98). Le livre de Lyell est considéré comme le plus important en géologie – pas étonnant que son auteur soit surnommé « le père de la géologie moderne ». Lyell est également célèbre pour la citation : « Le présent est la clé du passé ».

Voir : Le principe d'actualisme de Hutton, **p. 53**

1831
ANGLETERRE

LA LOI DE L'INDUCTION DE FARADAY

Michael Faraday (1791-1867)

Une variation du champ magnétique entraîne l'apparition d'un courant électrique dans un conducteur placé dans ce champ. La tension aux bornes du conducteur est égale au taux de variation du champ magnétique.

Ce phénomène est appelé « induction électromagnétique » et le courant produit, « courant induit ». L'induction est à la base des générateurs et des moteurs électriques.

Pour ses expériences, Faraday enroula deux bobines de fil isolé autour des bords opposés d'un anneau de fer. Une des bobines était reliée à une batterie, l'autre à un fil en dessous duquel était placée une aiguille de boussole. Il n'observa aucun effet à courant constant, mais l'aiguille bougeait lorsqu'il éteignait ou allumait le courant. Le 29 août 1831, le dispositif rudimentaire de Faraday entra dans l'histoire lorsqu'il « produisit de l'électricité à partir d'un champ magnétique. »

La légende veut qu'après avoir assisté à une démonstration, William Gladstone, alors Chancelier de l'Échiquier (ministre des finances [NdT]), ait demandé à Faraday : « Mais à quoi cela est-il bon ? ». Et Faraday de répondre : « Je ne sais pas, Monsieur, mais un jour vous pourrez le taxer. »

Le physicien russe Heinrich Lenz (1804-1865) étendit la loi de Faraday en 1833 : la variation du champ magnétique dans lequel est plongé un conducteur fait apparaître un courant électrique dont le propre champ magnétique tend à s'opposer à la variation initiale. C'est la **loi de Lenz**, qui n'est autre que le principe de Le Châtelier (p. 114) appliqué aux interactions entre courants électriques et champs magnétiques.

La loi de la diffusion de Graham

Thomas Graham (1805-1869)

Dans des conditions données, le taux de diffusion d'un gaz est inversement proportionnel à la racine carrée de sa densité.

Par exemple, dans les mêmes conditions de température et de pression, l'hydrogène diffuse quatre fois plus vite que l'oxygène.

Les gaz n'ont pas un volume fixe ; ils occupent tout le volume qui leur est accessible. Ainsi, lorsqu'une bouteille de parfum est ouverte, une petite quantité de parfum s'évapore et ses particules ne tardent pas à se répartir plus ou moins uniformément à travers la pièce. C'est ce que l'on appelle la diffusion. Graham observa un jour qu'un tube de verre, renversé sur de l'eau et dont l'extrémité libre était poreuse, se vidait plus vite de l'hydrogène qu'il contenait qu'il ne se remplissait d'air. Cette observation le conduisit à la conclusion que les gaz plus légers diffusaient plus rapidement. Après d'autres expériences, Graham énonça sa loi, que tout étudiant en chimie se doit de connaître.

Le père de Graham voulait qu'il entre dans le clergé, mais il refusa de se plier à la volonté paternelle et entra à l'université de Glasgow pour y étudier la science. Expérimentateur brillant mais professeur plus que médiocre, Graham est aujourd'hui considéré comme le père de la chimie des colloïdes (un colloïde est une sorte de mélange ; par exemple, la fumée est un colloïde de particules de carbones en suspension dans l'air). En 1851, il inventa le procédé de dialyse, fondé sur l'idée que certaines substances diffusent à travers une membrane semi-perméable mais d'autres non. Il testa ce procédé à l'aide d'une vessie de bœuf qu'il utilisa comme une sorte de tamis à molécules. Il put ainsi extraire l'urée de l'urine.

1832
ALLEMAGNE

LA LOI DE GAUSS

Carl Friedrich Gauss (1777-1855)

Le flux électrique à travers une surface fermée est proportionnel à la somme des charges électriques contenues à l'intérieur de cette surface.

Un champ électrique peut être représenté par des lignes de force. Le champ est plus intense là où les lignes sont plus denses, et plus faible là où elles sont plus espacées.

La loi de Gauss décrit la relation entre les charges électriques et le champ électrique. En un sens, il s'agit d'une élégante reformulation de la loi de Coulomb (p. 52).

Gauss figure, avec Archimède et Newton, au panthéon des plus grands mathématiciens de tous les temps. On dit que presque tout ce que les mathématiques du XIXe siècle ont pu apporter d'idées neuves est lié, de près ou de loin, avec le nom de Gauss. « Il est partout chez lui en mathématiques », écrivait E. T. Bell dans son remarquable ouvrage biographique *Les grands mathématiciens* (1937).

Gauss fut un enfant prodige – un Mozart des mathématiques. Un samedi de 1779, alors qu'il n'avait pas trois ans et qu'il regardait son père faire les comptes des salaires de la semaine à verser aux ouvriers dont il avait la charge, Gauss dit à son père : « Papa, le calcul est faux, ce devrait être... ». Une rapide vérification permit au père de s'apercevoir, à sa grande surprise, que son prodige de fils avait bien raison.

LA THÉORIE DE GALOIS

Évariste Galois (1811-1832)

L'étude des solutions de certaines équations et des liens entre les différentes solutions de ces équations.

Cette théorie brillante et complexe trouve de nombreuses applications : elle peut être utilisée par exemple pour résoudre des problèmes mathématiques classiques tels que : « Quels polygones réguliers est-il possible de construire à la règle et au compas ? ». En outre, la naissance de cette théorie relève du mélodrame : elle fut essentiellement jetée frénétiquement sur quelques feuillets par un mathématicien de 20 ans la nuit précédant sa mort.

À l'école, Galois ne s'intéressait qu'aux livres de mathématiques. À 17 ans, il écrivit son premier article de recherche et l'adressa à l'Académie des sciences par l'intermédiaire d'Augustin Cauchy, un célèbre mathématicien; mais le manuscrit se perdit. Un an plus tard, Galois adressa un autre article à Joseph Fourier, Secrétaire de l'Académie, pour concourir au prix de mathématiques de l'Académie. Malheureusement, Fourier mourut avant de pouvoir transmettre l'article.

Galois était un fervent républicain. Lors d'un dîner en 1831, il porta un toast « À Louis-Philippe » avec une dague à la main, ce qui lui valut d'être arrêté pour menace contre le roi. Après sa libération, il tomba amoureux d'une jeune fille, dont le fiancé le provoqua en duel. La nuit précédant le duel, Galois gribouilla sur le papier sa théorie. Tôt le lendemain, il reçut un coup de feu dans l'abdomen et mourut le surlendemain. Ses derniers mots à son frère furent : « Ne pleure pas – j'ai besoin de tout mon courage pour mourir à vingt ans. »

1833
États-Unis

Les expériences de Beaumont sur le suc gastrique

William Beaumont (1785-1853)

Le suc gastrique est un agent chimique dont l'acide chlorhydrique est le composant le plus important. La digestion est un processus chimique.

Beaumont démolit le mythe selon lequel le suc gastrique était « aussi inerte que l'eau » et affirma qu'il s'agissait du solvant le plus général dans la nature ; même les os les plus durs ne peuvent résister à son action.

En 1822, Beaumont, alors chirurgien de l'armée américaine dans le Michigan, soigna un patient ayant reçu accidentellement et à bout portant un coup de fusil dans l'abdomen. Des parties d'un poumon et de l'estomac du blessé pendaient à l'extérieur de la blessure. Il lava et pansa la plaie, mais ne s'attendait pas à ce que le patient survécût. Mais Alexis St Martin, Québécois de 19 ans, était un jeune homme résistant : il s'en sortit, mais garda un trou dans le ventre et l'estomac. Beaumont le couvrit d'une plaque de métal et St Martin put vivre une vie quasi-normale, ayant même quatre enfants.

En 1825, Beaumont réalisa qu'il disposait avec St Martin d'un laboratoire ambulant. Au cours des huit années qui suivirent, il réalisa des centaines d'expériences (telles qu'introduire, suspendu à un fil de soie, un morceau de nourriture dans l'estomac de St Martin et en observer l'état à intervalles réguliers) et réunit une vaste quantité d'informations relatives au suc gastrique et à la manière dont l'estomac digère divers aliments. En 1833, il publia ses résultats dans un ouvrage, *Expériences et observations sur le suc gastrique et la physiologie de la digestion*, qui le rendit célèbre chez les médecins du monde entier.

La machine de Babbage

Charles Babbage (1791-1871)
Augusta Ada King, Comtesse de Lovelace (1815-1852)

Une machine à calculer mécanique.

Comme les ordinateurs modernes, elle possédait un dispositif pour retenir les nombres (une mémoire) et un « moulin » pour les manipuler (une unité de calcul). Un système de cartes poinçonnées permettait de spécifier des instructions (en entrée) et d'obtenir les résultats (en sortie).

Babbage, mathématicien et inventeur, conçut trois machines différentes – des dispositifs mécaniques devant permettre de calculer et d'imprimer des tables mathématiques et des tables de navigation – mais n'en construisit jamais aucune et, bien qu'il ait préparé des plans détaillés pour plusieurs milliers de pièces détachées, seules quelques-unes furent fabriquées. Son projet était très en avance sur son temps, et la technologie victorienne ne permettait pas d'atteindre une précision suffisante dans l'usinage des pièces. En 1991, à l'occasion du 200e anniversaire de la naissance de Babbage, le *British Science Museum* construisit la *machine à différences* n° 2 (conçue entre 1847 et 1849). La partie de la machine dévolue au calcul pèse 2,6 tonnes et compte 2 400 pièces.

« Cette machine ne prétend absolument pas initier quoi que ce soit d'elle-même. Mais elle est capable de faire tout ce que nous savons lui ordonner de faire », écrivait Lovelace au sujet de cette machine. Lovelace, mathématicienne, est reconnue par beaucoup comme le premier programmeur de l'histoire. Fille de Lord Byron, Lovelace travailla en collaboration étroite avec Babbage, rédigeant les instructions et faisant la publicité des machines. Ses écrits constituent la première description des techniques de programmation. Elle mourut prématurément d'un cancer à l'âge de 36 ans.

1834
ANGLETERRE

LES LOIS DE FARADAY DE L'ÉLECTROLYSE

Michael Faraday (1791-1867)

1re loi : La quantité de substance libérée lors d'une électrolyse est proportionnelle à la quantité d'électricité utilisée.
2e loi : Les quantités relatives de substances libérées lors d'une électrolyse sont proportionnelles à leurs poids équivalents.

Les énoncés ci-dessus sont proches de ceux de Faraday. Le terme de « poids équivalents » est aujourd'hui remplacé par celui de « moles ».

Faraday fut le premier à saisir la différence entre les substances qui conduisent l'électricité et celles qui ne la conduisent pas. Il forgea les termes d'« électrolyte » et d'« ion ». Bien que les découvertes les plus importantes de Faraday aient eu trait à l'électromagnétisme (p. 76), qui est à la base des moteurs, dynamos et transformateurs électriques modernes, ses lois de l'électrolyse furent à l'origine du placage industriel moderne.

Faraday était un expérimentateur hors pair, aussi bien en termes qualitatifs que quantitatifs. Il consignait chaque jour méticuleusement toutes ses expériences et ses carnets révélèrent qu'il avait réalisé, en tout, 16 041 observations expérimentales, sur une période de 42 ans. Il avait coutume de dire qu'il se satisfaisait d'une expérience sur mille conduisant à une découverte vraiment importante, lui qui travaillait de ses propres mains et portait un tablier criblé de trous. Son assistant de laboratoire, Anderson, un ancien sergent, avait pour principale vertu une obéissance aveugle. Un soir, Faraday oublia de lui donner congé : il le trouva encore à son poste le lendemain matin.

L'unité de capacité électrique, le farad (F), rend hommage à Faraday.

L'EFFET CORIOLIS

Gaspard de Coriolis (1792-1843)

Sur une surface en rotation, une force imaginaire semble agir perpendiculairement à l'axe de rotation. Sur Terre, cette force incurve la trajectoire des objets en mouvements.

Il ne s'agit pas d'une force réelle, mais d'une conséquence de la rotation de la Terre.

Dans l'hémisphère nord, la Terre tourne sous nos pieds vers la gauche. Tout ce qui se déplace à sa surface semblera dévié vers la droite. Dans l'hémisphère sud, c'est l'inverse : les objets sont déviés vers la gauche. Cette déviation n'est pas réelle : une balle se déplace en ligne droite, c'est la cible qui bouge vers la droite. L'effet Coriolis agit sur tous les objets se déplaçant librement sur Terre : plus l'objet est rapide, plus la déviation est grande. L'effet Coriolis est nul à l'équateur.

Les conséquences de l'effet Coriolis sont significatives dans l'atmosphère et les océans. Par exemple, dans l'hémisphère sud, les masses d'air se déplaçant

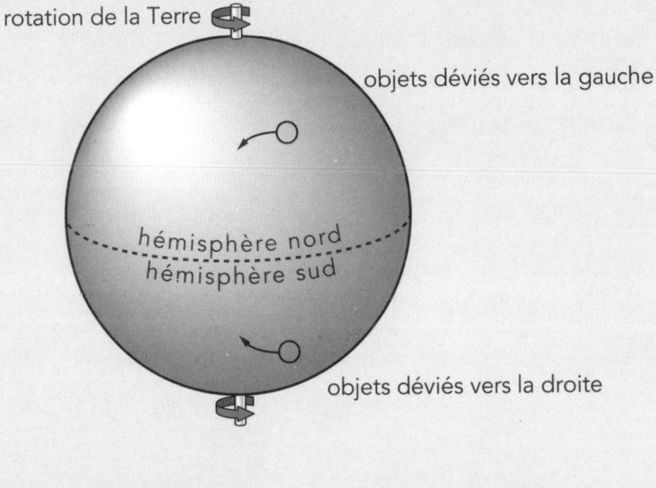

des pressions élevées vers les pressions faibles tournent dans le sens des aiguilles d'une montre ; tandis que dans l'hémisphère nord, elles tournent dans le sens inverse des aiguilles d'une montre. La vitesse de rotation des masses d'air dépend de la latitude et de la vitesse linéaire de la masse d'air. De même, les vents soufflant loin de l'équateur subiront une déviation plus marquée que des vents soufflant à la même vitesse près de l'équateur. Néanmoins, l'anecdote des sens de rotation différents pour l'eau s'écoulant dans un lavabo est une légende urbaine : dans une baignoire ou un lavabo qui se vide, les effets de la force de Coriolis sont négligeables devant d'autres forces telles que la gravitation (la force de Coriolis est près de 30 millions de fois plus faible que la gravitation). De même pour les queues des cochons : elles s'enroulent dans le même sens dans les deux hémisphères !

La loi de Buys-Ballot peut être utilisée pour connaître la direction du vent en différents points d'une carte météorologique. Proposée en 1857 par le météorologue néerlandais Christoph Buys-Ballot (1817-1890), elle énonce que, pour un observateur situé dos au vent dans l'hémisphère nord, la pression atmosphérique sera moindre sur sa gauche que sur sa droite. Dans l'hémisphère sud, la pression sera moindre sur sa droite. Une loi similaire avait été proposée par le météorologue américain James Henry Coffin (1806-1873).

La théorie des ères glaciaires d'Agassiz

Jean Louis Agassiz (1807-1873)

Au cours des 600 derniers millions d'années, il y eut au moins dix-sept ères glaciaires.

Les ères glaciaires sont des périodes de l'histoire de la Terre durant lesquelles des calottes glaciaires recouvrent de vastes espaces terrestres habituellement épargnés par les calottes saisonnières.

En vacances dans les Alpes suisses en 1836, Agassiz, naturaliste passionné, remarqua des roches profondément marquées et griffées. Il eut l'idée que ces marques avaient pu être laissées par des glaciers et que dans un lointain passé, toute l'Europe avait été couverte par des glaciers. Ceci le conduisit à sa théorie selon laquelle les glaciers étaient des vestiges des ères glaciaires, théorie qu'il présenta à la Société Helvète en 1837.

Nous en savons aujourd'hui beaucoup plus sur ces ères glaciaires, mais les scientifiques ne savent toujours pas ce qui en est à l'origine. La liste des suspects comprend l'orbite terrestre, la dérive des continents, les variations du taux de dioxyde de carbone dans l'atmosphère et même les rayons cosmiques.

La dernière ère glaciaire remonte au Pléistocène (une époque dont le début se situe il y a 2 millions d'années) et compta quatre phases de glaciation, la dernière s'étendant entre 40 000 et 10 000 ans avant aujourd'hui. Nous vivons aujourd'hui dans une période interglaciaire relativement chaude, dans l'attente de la prochaine ère glaciaire. Dans les temps présents, environ 10 pour cent de la surface des terres sont couvertes de glace, mais, lors de la dernière période glaciaire, c'était environ 30 pour cent de cette surface qui était couverte de glace.

LES ALLOTROPES

Jöns Jacob Berzelius (1779-1848)

Un élément peut exister sous deux formes ou plus, avec des propriétés différentes.

On appelle ces différentes formes « allotropes ». Ainsi, le graphite, le diamant et les fullerènes (p. 192) sont trois allotropes cristallins du carbone ; le verre et le quartz sont des allotropes cristallin et non cristallin du verre.

Berzelius transforma du charbon en graphite par des procédés chimiques et déclara que certains éléments peuvent exister sous deux ou plusieurs formes présentant des propriétés différentes. Ce ne fut pas la seule contribution de Berzelius à la chimie : il lui offrit également un nouveau langage.

Quand Dalton reprit l'idée de l'atome comme unité de matière (p. 65), il utilisa des symboles circulaires pour représenter les atomes. Berzelius écarta l'encombrante notation de Dalton pour introduire à sa place un système rationnel d'abréviations chimiques. « Il est plus aisé d'écrire un mot abrégé que de dessiner une figure n'ayant que peu de rapports avec les mots et qui, pour être lisible, doit être plus grosse que l'écriture habituelle, déclara-t-il. Je choisirai donc comme symbole chimique la première lettre du nom latin de chaque élément. Si les deux premières lettres de deux éléments viennent à être identiques, j'utiliserai leur initiale et la première lettre qu'ils n'ont pas en commun. » La méthode de Berzelius est maintenant utilisée dans le monde entier, et sa découverte d'allotropes du carbone a conduit les chimistes à d'autres allotropes du carbone ainsi qu'à des allotropes de nombreux autres éléments.

L'effet Doppler

Christian Johann Doppler (1803-1853)

Toute source de lumière s'éloignant d'un observateur apparaîtra, pour cet observateur, avec une fréquence modifiée.

Par exemple, la hauteur du sifflet d'un train change lorsqu'il passe devant une personne sur le quai : plus élevée quand le train s'approche, plus basse quand il s'éloigne.

Doppler expliqua cet effet en remarquant que lorsque la source sonore s'approche de l'observateur, les ondes sonores atteignent l'oreille à des intervalles raccourcis, d'où la hauteur plus élevée. Lorsque la source s'éloigne, les ondes atteignent l'oreille à des intervalles rallongés, d'où la hauteur moins élevée. L'effet Doppler se produit également quand la source est immobile et l'observateur en mouvement.

En 1845, le météorologue néerlandais Christoph Buys-Ballot (p. 84) testa l'effet Doppler pour les ondes sonores au moyen d'une expérience attachante : il prit, comme source mobile, une fanfare de trompettes se tenant sur un wagon ouvert, accroché à un train qui traversait la campagne près d'Utrecht L'expérience, bien sûr, démontra l'exactitude du principe de Doppler.

Doppler prédit également qu'un effet similaire s'appliquerait aux ondes lumineuses, mais sans pouvoir le mettre en évidence. En 1849, Fizeau (p. 93) montra que l'effet Doppler s'appliquait à la lumière émise par les étoiles lointaines.

Voir : Le paradoxe d'Olbers, **p. 70**

1842
ALLEMAGNE

LE 1er PRINCIPE DE LA THERMODYNAMIQUE

Julius Robert von Mayer (1814-1878)

La chaleur est une forme d'énergie et l'énergie se conserve.

En équation, cela donne :

$$\Delta U = Q - W$$

ΔU étant la variation d'énergie interne du système, Q la chaleur reçue par le système et W le travail effectué par le système (en physique, la lettre grecque Δ représente la variation d'une quantité). Dans le mot « thermodynamique », « thermo » renvoie à la chaleur, et « dynamique » au travail.

Le premier principe est une des grandes lois de la physique. Il s'agit simplement d'une reformulation de la loi de la conservation de l'énergie : l'énergie ne se crée ni ne se détruit, elle se transforme.

Mayer était médecin et n'avait aucune formation en physique. Tandis qu'il voyageait en sa qualité de médecin à bord d'un navire néerlandais à destination de l'Inde, il remarqua que le sang des marins était plus rouge qu'à l'accoutumée. Il imagina que la chaleur des tropiques améliorait le métabolisme, résultant en une hausse du taux d'oxygène dans le sang des marins. L'oxygène en supplément induisait un renforcement de la couleur rouge du sang. Il poussa son raisonnement plus loin : l'exercice physique (le travail) produisait également de la chaleur, il devait donc exister un lien entre chaleur et travail.

Nous ne savons pas si Homer Simpson (le héros de la série télévisée *Les Simpson*) comprend vraiment les principes de la thermodynamique (voir aussi p. 94), mais on sait qu'il a été vu courant aux quatre coins de sa maison en criant : « Dans cette maison, on obéit aux lois de la thermodynamique. »

LE CYCLE DES TACHES SOLAIRES

Samuel Heinrich Schwabe (1789-1875)

Le nombre de taches solaires visibles varie selon un cycle régulier, dont la période moyenne est de 11 ans.

Si Galilée (p. 28) fut le premier à étudier les taches solaires grâce à sa lunette, en 1612, Schwabe, un astronome amateur, fit des relevés minutieux et quasi quotidiens des taches solaires pendant 17 ans avant d'annoncer sa théorie. Il continua ces observations pendant encore 25 ans après cela.

Les taches solaires sont comme des taches de rousseur sur le visage illuminé du Soleil. Partout où des champs magnétiques émergent du Soleil, ils suppriment sur leur passage les flots de gaz chauds environnants, créant des régions relativement froides qui apparaissent comme des taches sombres sur la mince couche externe du soleil, que l'on appelle photosphère. Les taches varient en taille (de 1 000 à 40 000 km de diamètre) et en durée (de quelques jours à plusieurs mois).

Le cycle solaire présente un minimum et un maximum d'activité. Près d'un minimum, il n'y a que quelques taches. Lors d'un pic d'activité, le nombre de taches augmente de manière significative ainsi que celui des éruptions dites chromosphériques, qui correspondent à la libération d'énormes quantités d'énergie au niveau des taches. Ces éruptions peuvent modifier considérablement les émissions solaires de rayonnement ultraviolet et de rayons X.

Depuis l'observation par Schwabe du cycle solaire, les scientifiques ont été fascinés par l'idée qu'il puisse influencer le temps et le climat terrestres. Cependant, aucun lien n'a pour l'instant été établi de manière satisfaisante.

1843
ANGLETERRE

L'ÉQUIVALENT MÉCANIQUE DE LA CHALEUR

James Prescott Joule (1818-1889)

Une quantité donnée de travail produit une quantité spécifique de chaleur.

En termes modernes, 4,18 joules de travail équivalent à une calorie de chaleur.

En 1798, le comte Rumford suggéra que le travail mécanique pouvait être transformé en chaleur (p. 58). Cette idée fut explorée par Joule, qui réalisa des milliers d'expériences pour déterminer quelle quantité de chaleur pouvait être produite à partir d'une quantité donnée de travail. Lors d'une expérience en particulier, il utilisa des poids suspendus à une poulie pour faire tourner une roue à aubes immergée dans l'eau. La friction entre l'eau et les aubes entraîna une légère hausse de la température de l'eau. Or, la quantité de travail pouvait être mesurée par la hauteur qu'avaient perdue les poids, et qui correspondait à la chaleur absorbée par l'augmentation de température. Joule était si passionné par ses expériences qu'il alla jusqu'à emporter avec lui lors de sa lune de miel un long thermomètre très précis pour mesurer la température des cascades alpines.

Fils d'un brasseur, Joule avait commencé à travailler dès l'âge de 15 ans avec son père. Autodidacte, il n'en était pas moins totalement à l'aise en mathématiques, et les années passées dans la brasserie paternelle lui avaient appris l'art de réaliser des mesures précises. Toutes ses expériences sur l'équivalent mécanique de la chaleur reposaient sur sa capacité à mesurer une élévation extrêmement fine de la température. Il était sans aucun doute un expérimentateur du plus haut niveau, et son nom continue de vivre aujourd'hui à travers l'unité de travail et d'énergie, le joule (J).

1845
ALLEMAGNE

LES LOIS DE KIRCHHOFF

Gustav Kirchhoff (1824-1887)

1re loi (loi des nœuds) : En un nœud quelconque d'un circuit électrique, la somme des courants entrants est égale à la somme des courants sortants.
2e loi (loi des mailles) : Autour d'une boucle fermée quelconque d'un circuit électrique, la somme des tensions doit être nulle.

En équations, cela donne : 1re loi : $I = I_1 + I_2 + I_3 + \ldots$, où I est l'intensité totale et I_1, I_2, I_3, etc. les différentes intensités. 2e loi : $U = U_1 + U_2 + U_3 + \ldots$, où U est la tension totale et U_1, U_2, U_3, etc. les différentes tensions.

Ces lois prolongent la loi d'Ohm (p. 74) et sont utilisées pour calculer l'intensité et la tension dans des circuits électriques en réseau. Kirchhoff en donna les énoncés alors qu'il n'était encore qu'étudiant à l'université de Königsberg.

Il montra également que les objets qui sont de bons émetteurs de chaleur sont aussi de bons absorbeurs de chaleur : c'est la loi de Kirchhoff du rayonnement. Les vêtements noirs par exemple sont de bons absorbeurs de chaleur et de bons émetteurs ; malgré tout, si vous portez du noir un jour de chaleur vous aurez trop chaud – pourquoi ? La température extérieure est plus élevée que celle du corps, et celui-ci reçoit donc plus de chaleur qu'il n'en émet. Les vêtements blancs, par contre, sont de bons réflecteurs et donc de piètres absorbeurs de chaleurs : ils conviennent très bien pour les jours chauds.

Voir : La théorie spectroscopique de Kirchhoff et Bunsen, **p. 100**

1848
ÉCOSSE

LE ZÉRO ABSOLU

William Thomson, dit Lord Kelvin
(1824-1907)

Les mouvements moléculaires tendent vers zéro quand la température approche – 273,5 °C.

Cette température est connue sous le nom de zéro absolu. Elle est la borne inférieure théorique de la température.

Tout comme la vitesse de la lumière, le zéro absolu peut être approché mais jamais véritablement atteint : cela nécessiterait une quantité infinie d'énergie. L'échelle de température basée sur le zéro absolu s'appelle l'**échelle kelvin** (d'unité le kelvin, symbolisée par un K sans signe degré). Un kelvin est égal à un degré Celsius (*cf.* p. 47).

L'énergie d'un corps au zéro absolu est appelée son énergie fondamentale. D'après le principe d'incertitude d'Heisenberg (*cf.* p. 148), atomes et molécules ne peuvent exister qu'à certains niveaux d'énergie : le niveau d'énergie le plus bas est appelé niveau fondamental et tous les niveaux supérieurs sont des niveaux d'excitation. Au zéro absolu, toutes les particules sont dans l'état fondamental.

Thomson fut le plus grand physicien de son époque. Malheureusement, s'il fut professeur pendant 53 ans à l'université de Glasgow, il n'en était pas moins un piètre enseignant. En effet, sa passion pour ses recherches était telle que s'il advenait qu'une nouvelle idée lui vînt au milieu d'un cours, il se lançait dans une digression et oubliait totalement le sujet du cours. Cela ne faisait pas de lui l'archétype du professeur absent en pensée : il avait les idées extraordinairement claires et beaucoup de présence. Il déclara un jour : « La science est tenue, par les lois éternelles de l'honneur, d'affronter avec témérité tous les problèmes qui peuvent lui être présentés. »

L'EXPÉRIENCE DE FIZEAU

Armand Hippolyte Louis Fizeau
(1819-1996)

La première expérience qui mesura avec succès la vitesse de la lumière.

Avant cette expérience, d'aucuns pensaient que la lumière se propageait à une vitesse infinie.

Fizeau réalisa son expérience à Paris, entre la terrasse d'une maison de Montmartre et le sommet d'une colline de Suresnes – soit une distance de 8,67 km. Il disposa une roue de 720 dents à Montmartre et un miroir à Suresnes. Quand la roue était immobile, la lumière passait entre deux dents et allait se réfléchir sur le miroir. Quand la roue tournait lentement, l'observateur ne voyait rien. Lorsque la roue tournait plus rapidement, à une certaine vitesse la lumière réfléchie par le miroir passait entre les deux dents suivantes et l'observateur apercevait son éclat. Fizeau releva la vitesse de 25 tours par secondes. Ainsi, le temps qu'il fallait à la lumière pour parcourir 8,67 × 2 km était de $^1/_{25} \times {}^1/_{720}$ de seconde, soit une vitesse de 312 320 km par seconde (la bonne valeur est de 299 792 km par secondes).

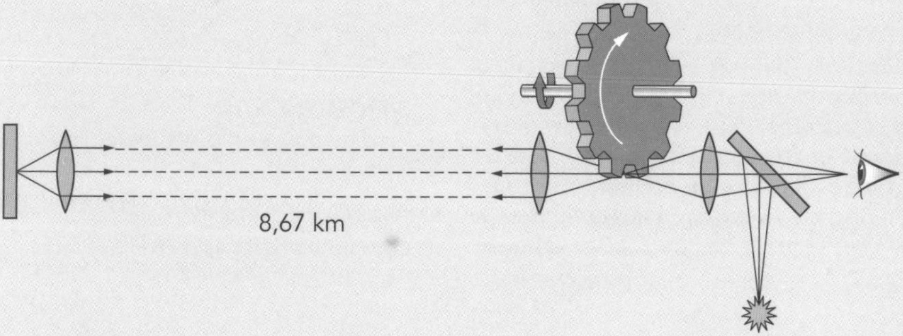

L'expérience de Fizeau.

1850
ALLEMAGNE

LE 2e PRINCIPE DE LA THERMODYNAMIQUE

Rudolf Clausius (1822-1888)

La chaleur ne passe pas spontanément d'un corps plus froid vers un corps plus chaud.

Il existe de nombreux énoncés du deuxième principe, équivalents mais formulés par différents scientifiques à différentes époques.

De ce principe découle le fait que de nombreux phénomènes naturels sont irréversibles et ne peuvent revenir en arrière : le carburant consommé est perdu à jamais, l'omelette ne peut redevenir œuf, une machine isolée ne peut être animée d'un mouvement perpétuel, et ainsi de suite. En découle également la direction du temps (le temps ne peut revenir en arrière).

En 1865, Clausius utilisa le terme **entropie** pour désigner le désordre, l'aléatoire d'un système. Plus un système est désordonné et aléatoire, plus son entropie est grande. Par exemple, l'entropie augmente quand la glace fond et augmente encore quand l'eau bout et se vaporise. L'entropie d'un système irréversible ne peut qu'augmenter ; et donc l'entropie de l'Univers augmente.

Le **troisième principe de la thermodynamique** affirme qu'il est impossible de refroidir un objet à une température égale au zéro absolu, soit – 273,15 °C (*cf. Le zéro absolu*, p. 92).

L'auteur américain de science-fiction John W. Campbell (1910-1971) résuma ainsi les principes de la thermodynamique :

Premier principe :
Vous ne pouvez pas gagner.

Deuxième principe :
Vous ne pouvez pas récupérer votre mise.

Troisième principe :
Vous ne pouvez pas quitter la partie.

LE PENDULE DE FOUCAULT

Léon Foucault (1819-1868)

Un pendule de Foucault est un pendule simple – c'est-à-dire une masse suspendue à un fil – dont l'extrémité est attachée de telle manière qu'il puisse se balancer dans toutes les directions.

Le pendule de Foucault permit de démontrer que la Terre tournait.

Une fois mis en mouvement, un pendule de Foucault n'oscille pas invariablement sur le même axe comme un pendule classique : l'axe de ses oscillations, au contraire, tourne lentement sur lui-même. En réalité, c'est la rotation de la Terre en dessous du pendule qui se cache derrière cette rotation apparente. L'angle de rotation par heure, constant pour un lieu donné, peut être calculé à l'aide de la formule 15 sin θ, où θ est la latitude du lieu de l'expérience. Aux pôles, le pendule tournerait de 360 degrés par jour. À l'équateur, il ne tournerait pas du tout.

En 1851, Foucault, un physicien éminent, fit une démonstration publique de cette expérience au Panthéon, à Paris, avec un boulet de canon de 28 kg, suspendue sous le dôme au moyen d'une corde de 67 m de long. Une aiguille était attachée sous le boulet et du sable avait été répandu sur le sol de manière à pouvoir suivre le trajet du pendule. Quand Foucault mit le pendule en mouvement, l'aiguille commença à tracer dans le sable la figure d'une hélice, démontrant ainsi la rotation de la Terre autour de son axe.

1852
ANGLETERRE

La théorie de Frankland de la valence

Edward Frankland (1825-1899)

La capacité d'un élément donné à se combiner avec d'autres éléments est déterminée par le nombre de liaisons chimiques que cet élément peut former avec les autres.

Ce « pouvoir de combinaison » est appelé aujourd'hui « valence », concept qui est à la base de la chimie moderne des structures moléculaires.

En termes modernes, la valence est le nombre d'électrons qu'un atome ou un élément doit perdre ou gagner, soit totalement, soit en partage, pour former un composé. Cette opération confère à l'atome la stabilité de la configuration électronique d'un gaz noble (c'est-à-dire, une couche électronique externe complètement remplie). Par exemple, dans l'eau H_2O, l'hydrogène a une valence de + 1 (H^+) et l'oxygène de – 2 (O^{2-}). Deux atomes d'hydrogènes perdent chacun un électron ; un atome d'oxygène gagne ces deux électrons. La plupart des éléments ont une valence fixe (par exemple, sodium = + 1, chlorure = – 2), mais certains en ont plusieurs (par exemple, fer = + 2 ou + 3). Les valeurs numériques des valences représentent la charge de l'ion.

Frankland, spécialiste de chimie organique, donna aux étudiants en chimie non seulement le concept de valence, mais aussi le terme de « liaison » et la notation utilisée communément pour représenter la structure des composés, par exemple H–O–H. Le concept de valence introduit par Frankland ne fut pas immédiatement accepté par ses contemporains, mais il fut repris et approfondi quelques années plus tard par Kekulé (p. 105).

La logique booléenne

Georges Boole (1815-1864)

Les opérations logiques peuvent s'exprimer avec des symboles mathématiques plutôt que des mots, et s'exécuter d'une manière très similaire à l'algèbre ordinaire.

Les réflexions de Boole ouvrirent une nouvelle branche des mathématiques, l'algèbre booléenne, avec ses propres règles, ses propres lois et ses propres théorèmes. Ses applications les plus importantes se trouvent en informatique, et particulièrement dans les moteurs de recherche sur Internet.

Tous les circuits d'un ordinateur fonctionnent dans un de ces deux états : allumé ou éteint, ce que l'on peut représenter par un 1 ou un 0. Ces deux chiffres sont appelés des chiffres binaires ou bits. Les trois principaux opérateurs logiques de l'algèbre booléenne sont : *NON*, *ET*, *OU*. Avec *NON*, par exemple, l'entrée est toujours l'inverse de la sortie : *NON* change 1 en 0 et 0 en 1.

Boole était un mathématicien autodidacte qui enseigna dans plusieurs écoles communales. Quand il publia son premier article, « Analyse mathématique de la logique », en 1847, il se vit proposer un poste de professeur de mathématiques au Queen's College de York. En 1854, il publia son chef-d'œuvre, An Investigation on the Laws of Thought, qui posait les fondations de l'algèbre booléenne. Il fut élu trois ans plus tard à la *Royal Society*.

L'importance de l'algèbre booléenne fut mise en évidence par la construction des premiers ordinateurs. Aujourd'hui, les ordinateurs parlent la langue binaire inventée par Boole, un fils de famille ouvrière dont le souvenir se perpétuera à jamais.

1859
ANGLETERRE

LA THÉORIE DE L'ÉVOLUTION DE DARWIN

Charles Darwin (1809-1882)

Toutes les espèces contemporaines sont issues de formes de vie plus élémentaire à travers un processus de sélection naturelle.

Les organismes changent au cours du temps et ceux qui vivent aujourd'hui diffèrent de ceux qui vécurent par le passé. En outre, maints organismes qui vécurent par le passé sont aujourd'hui éteints.

Connaissez-vous la réaction de la femme du pasteur à l'idée que l'homme puisse descendre du singe ? « Espérons que ce ne soit pas vrai – ou bien si ça l'est, qu'au moins cela ne s'ébruite pas. »

Ce n'est qu'un exemple amusant de l'indignation suscitée par la publication en 1859 de l'ouvrage monumental de Darwin *L'Origine des espèces par les moyens de la sélection naturelle* (souvent abrégé en *L'Origine des espèces*). Le livre fut épuisé dès le jour de sa sortie et il n'a cessé d'être réimprimé et réédité depuis. Nombreux furent ceux qui refusèrent fermement l'idée d'évolution parce qu'elle contredisait leur foi religieuse selon laquelle toute espèce avait été créée par Dieu dans sa forme actuelle et ne pouvait se transformer. La théorie de Darwin continue à susciter d'amples débats scientifiques et sociétaux.

Darwin ne traitait pas de l'évolution des hommes dans son livre. C'est dans un ouvrage ultérieur, *La Descendance de l'homme*, paru en 1871, qu'il présenta l'idée d'une évolution de l'homme à partir du singe.

Dans sa forme moderne, la théorie de l'évolution comprend les idées suivantes :

- Les membres d'une espèce varient dans leur constitution et dans leur comportement; une partie de ces variations a des origines héréditaires.
- Toute espèce produit plus de descendance que l'environnement ne peut en faire vivre.

■ Certains individus sont mieux adaptés pour survivre dans un environnement donné que d'autres. C'est ce que l'on appelle « la survie du plus adapté ». Ceci signifie qu'il y a au sein du *pool* génétique de chaque population des variations et que les individus ayant les variations les plus favorables ont plus de chances de survivre.

■ Les caractéristiques favorables sont plus représentées dans la génération suivante d'individus.

■ Il s'opère ainsi une « sélection naturelle » des individus dont les variations les rendent plus adaptés pour la survie et la reproduction.

■ La sélection naturelle de lignées d'organismes favorise l'apparition de nouvelles espèces, grâce à une meilleure « adaptation » à leur environnement et suite à des modifications ou des mutations génétiques.

Les avancées de la biologie moderne, en particulier la découverte de l'ADN, sont venues enrichir la théorie de l'évolution. La vision contemporaine se fonde toujours sur le darwinisme : l'évolution par sélection naturelle est opportuniste et permanente.

La théorie spectroscopique de Kirchhoff et Bunsen

Robert Bunsen (1811-1899)
Gustav Kirchhoff (1824-1887)

Chaque élément chimique, porté à incandescence, présente des raies spectrales qui lui sont caractéristiques.

Par exemple, le sodium produit deux raies jaune clair.

Quiconque a fréquenté un tant soit peu une salle de chimie à l'école connaît le bec Bunsen. Il fut conçu en 1855 par Bunsen, un grand expérimentateur et excellent enseignant. Le **test de la flamme** – un test qui permet d'identifier les métaux d'un échantillon grâce à la couleur des flammes qu'ils produisent – doit beaucoup au bec Bunsen dont la flamme peu lumineuse n'interfère pas avec celle dégagée par l'échantillon.

À 24 ans, Bunsen perdit un œil lors d'une expérience. C'était un jeune homme très apprécié – « Je n'ai jamais eu le temps de me marier. » – et très simple. La femme d'un de ses collègues à Heidelberg, où Bunsen était professeur de chimie, confia un jour qu'elle l'embrasserait volontiers car c'était un homme charmant, mais qu'elle devrait le laver auparavant.

Bunsen s'était lié d'amitié avec Kirchhoff, professeur de physique à Heidelberg. Ils conçurent ensemble le premier spectromètre, un appareil qui permet de produire et d'observer un spectre. Ils utilisèrent leur spectromètre pour découvrir deux nouveaux éléments : le césium (1860) et le rubidium (1861). En 1860, Kirchhoff découvrit une propriété aux conséquences considérables : porté à incandescence, chaque élément produit ses propres raies du spectre. Ceci signifie que chaque élément émet de la lumière à une certaine longueur d'onde qui lui est caractéristique. Dans un éclair de génie, il alla encore plus loin : tout ce qu'un atome émet, il doit aussi l'absorber. Par exemple, le spectre du sodium présente deux raies jaunes (de longueurs d'onde environ 588 et 589 nanomètres). Or le spectre du Soleil présente un certain nombre de raies sombres, dont certaines correspondent aux longueurs d'ondes ci-dessus : ceci signifie que le

Soleil contient du sodium. Les scientifiques disposaient désormais d'un outil leur permettant d'identifier la présence d'éléments donnés dans les étoiles. D'après Isaac Asimov (p. 168), le banquier de Kirchhoff ne fut que modérément impressionné par sa capacité à identifier les éléments présents dans le Soleil. « De quelle utilité peut être l'or du Soleil si je ne peux le ramener sur Terre ? » demanda-t-il. Plus tard, lorsque Kirchhoff reçut une médaille d'or pour son travail, il la remit à son banquier en disant : « Voici de l'or du Soleil. »

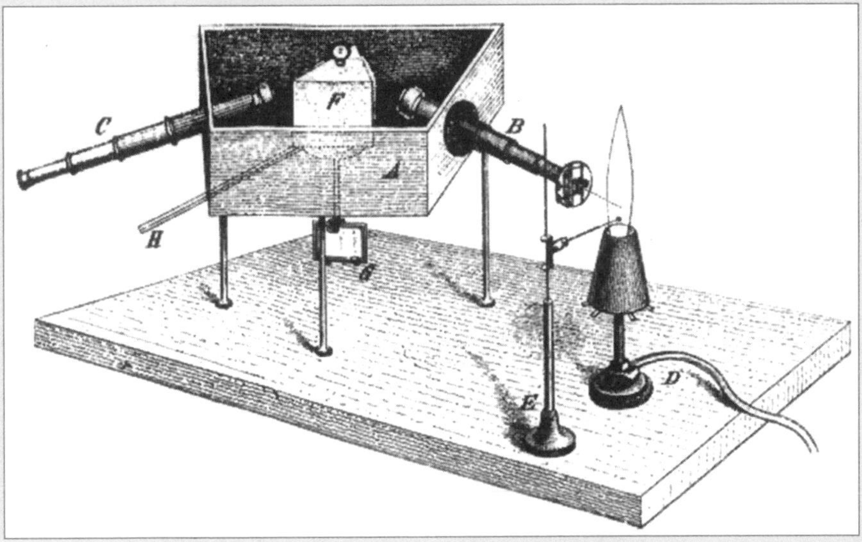

Le dispositif utilisé par Kirchhoff et Bunsen (figure tirée des* Annalen der Physik und der Chemie*, vol. 110, 1860).

Voir : Les lois de Kirchhoff, **p. 91**

1864
Écosse

Les équations de Maxwell

James Clerk Maxwell (1831-1879)

La description mathématique, en quatre équations, du comportement des ondes électriques et magnétiques.

Ces équations montrent également que la lumière est liée à l'électricité et au magnétisme.

Ces équations sont complexes, mais en termes simples on peut dire qu'elles décrivent : (1) une relation générale entre champ électrique et charge électrique ; (2) une relation générale entre champ magnétique et pôles magnétiques ; (3) la manière dont un champ magnétique variable génère de l'électricité et (4) la manière dont un courant électrique ou un champ électrique variable produit un champ magnétique. Les équations prédisent également l'existence d'ondes électromagnétiques se propageant à la vitesse de la lumière et composées d'un champ électrique et d'un champ magnétique à angle droit oscillant en phase (*cf.* figure).

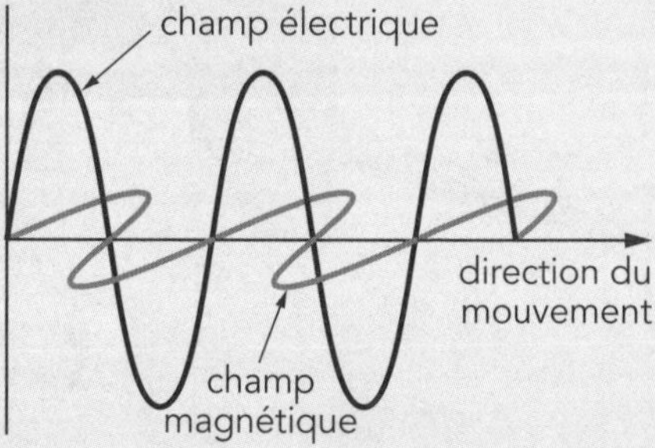

Relation entre un champ magnétique et le champ électrique variable qui le produit.

Maxwell était si peu prometteur à l'école qu'il était surnommé « *Dafty* » [idiot, NdT]. Cependant, après que son père l'eut emmené à une conférence scientifique de la Royal Society d'Édimbourg, il s'intéressa à la science ; il publia son premier article (sur une technique pour tracer un ovale) à l'âge de 14 ans. Les accomplissements scientifiques de Maxwell sont comparables à ceux de Newton et d'Einstein.

Voir : La théorie cinétique des gaz, p. 45

LES LOIS DE MENDEL DE L'HÉRÉDITÉ

Gregor Mendel (1822-1884)

Ces lois posèrent les fondations de la génétique.

Loi de ségrégation des caractères : Chez les organismes à reproduction sexuée, deux facteurs héréditaires contrôlent chaque caractère. Seul un de ces facteurs peut être représenté dans une cellule sexuelle reproductive.

Loi d'association indépendante : Les différentes versions d'un caractère se réassortissent indépendamment de celles d'un autre caractère.

Mendel, botaniste et moine augustin, utilisa des petits pois pour ses recherches, dont le but était de comprendre l'effet du croisement sur sept paires de caractères : aspect de la graine, couleur de la graine, forme de la cosse, couleur de la cosse, couleur de la fleur, position de la fleur et longueur de la tige. Sept années durant, il tint le registre exact des caractères héréditaires de quelque 28 000 plants de petit pois; puis il appliqua un traitement mathématique à ses résultats. À partir de cette analyse, il observa que certains caractères des plantes sont dus à des facteurs hérités de génération en génération. Ces facteurs sont appelés *gènes*. Il observa que certains facteurs étaient « dominants » et d'autres « récessifs ».

Mendel publia ses résultats en 1865, mais ils ne tardèrent pas à tomber dans l'oubli. En 1900, seize ans après la mort de Mendel, trois scientifiques européens entreprirent, indépendamment, des expériences sur l'hérédité chez les plantes et redécouvrirent les travaux de Mendel. Le moine et ses petits pois sont passés à la postérité : ils continuent à vivre aujourd'hui dans tous les manuels de biologie.

1865
FRANCE

La théorie de Pasteur

Louis Pasteur (1822-1895)

Des micro-organismes sont responsables de nombreuses maladies humaines.

Cette théorie est une des plus grandes réussites scientifiques du XIXe siècle.

Pasteur, chimiste, passa la majeure partie de sa vie à étudier l'origine des maladies. En 1856, alors professeur de chimie et doyen de l'université de Lille, il fut contacté par des agriculteurs qui rencontraient des difficultés dans la production d'alcool de betterave. Après des années d'expériences, il démontra que la fermentation était causée par des micro-organismes vivants. En 1862, il prouva qu'un chauffage bref et modéré du vin ou de la bière suffisait à tuer les germes, ce qui stérilisait les breuvages et mettait un terme au processus de fermentation. Ce procédé, aujourd'hui connu sous le nom de *pasteurisation*, est toujours utilisé dans l'industrie agroalimentaire.

En 1865, ces travaux le conduisirent à penser que des micro-organismes pourraient également être à l'origine des maladies humaines. Déterminé à trouver un moyen de tuer ces micro-organismes, il isola les germes à l'origine du choléra des poules, les mit en culture et découvrit que certaines lignées produisaient une substance chimique limitant leur développement. En 1881, il appliqua avec succès sa découverte de l'inoculation d'une souche de virulence atténuée à la maladie du charbon des moutons puis, en 1885, chez l'homme, à la rage. Pour la première fois dans l'histoire, les hommes vainquaient des germes mortels. Mais il paraît que celui qui les combattit avec tant de témérité les craignait : Pasteur évitait, dit-on, de serrer des mains, par peur d'une contamination.

1865
ALLEMAGNE

La théorie des composés chimiques de Kekulé

Friedrich August Kekulé (1829-1896)

Le carbone est tétravalent et capable de former des molécules organiques cycliques.

Ces concepts sont à la base de la chimie des structures moléculaires.

Dans les années 1860, les chimistes connaissaient la formule du benzène, C_6H_6, mais ne savaient pas comment ses six atomes de carbone s'agençaient dans l'espace. Même le chimiste allemand Kekulé – qui fut le premier à suggérer que le carbone était tétravalent – se montrait incapable de comprendre la structure du benzène.

Un jour, alors qu'il travaillait comme professeur de chimie en Belgique et qu'il contemplait un feu au coin duquel il était assis, une idée lui vint. Il écrivit plus tard : « Je tournai ma chaise vers le feu et m'assoupis. Les atomes dansaient à nouveau devant mes yeux. Je pouvais les distinguer, en longs cortèges sinueux, semblables à des serpents. Ce fut alors qu'un de ces serpents se mordit la queue et se mit à tourner ainsi devant mes yeux. » À son réveil, Kekulé entrevit la possibilité que la molécule de benzène fût cyclique, comme représentée ci-contre.

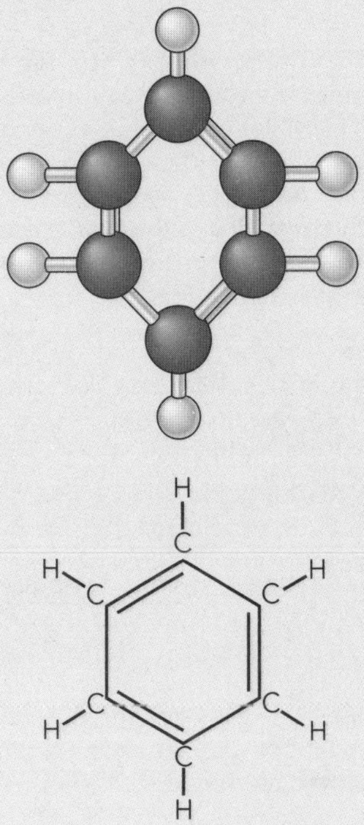

Une molécule de benzène.

1869
RUSSIE

LE TABLEAU PÉRIODIQUE DE MENDELEÏEV

Dmitri Mendeleïev (1834-1907)

Les propriétés des éléments sont des fonctions périodiques de leur masse atomique.

Il suffit d'ordonner les atomes selon leur masse atomique (ou masse atomique relative) et les éléments correspondants sont ainsi ordonnés en fonction de leurs propriétés. Cette classification des éléments s'appelle classification périodique ou tableau périodique des éléments.

Dans la version moderne du tableau périodique, les éléments ne sont plus classés en fonction de leur masse atomique, mais en fonction d'une quantité bien plus fondamentale : le « numéro atomique ». Le numéro atomique d'un élément est le nombre de protons du noyau d'un de ses atomes ; le nombre de neutrons, qui contribue à la masse atomique, n'est pas pris en compte. La version moderne de la loi périodique s'énonce ainsi : les propriétés des éléments sont des fonctions périodiques de leur numéro atomique.

« Oui, Mendeleïev a deux femmes, mais je n'ai qu'un seul Mendeleïev », répondit le Tsar Alexandre II de Russie à quelqu'un venu se plaindre à lui de ce que Mendeleïev avait pris une seconde épouse sans être légalement séparé de la première. En 1869, cet unique Mendeleïev, âgé de 35 ans, publia un tableau unique regroupant les 61 éléments connus à l'époque – il prédisait que des éléments encore à découvrir viendraient remplir les cases laissées vacantes. « Il est possible de prédire les propriétés d'éléments encore inconnus », écrivait-il, sûr et confiant.

Ses prédictions se fondaient sur les propriétés des éléments entourant les trous du tableau. Il leur donna même des noms – eka-aluminium, eka-bore et eka-silicium (*eka* est un préfixe sanscrit signifiant *un*). Dès 1886, ses prédictions se réalisaient, avec la découverte du gallium, du scandium et du germanium, dotés des propriétés prédites pas Mendeleïev. Celui-ci devint soudain le chimiste le plus respecté du monde – pas étonnant que le Tsar le tînt en si haute estime.

Le tableau périodique de Mendeleïev – sans doute le concept singulier le plus utile de toute la chimie – déclencha une chasse aux nouveaux éléments. Entre son apparition et 1925, les chimistes identifièrent avec succès tous les éléments présents dans la nature, selon eux. Le premier élément artificiel, le neptunium, fut synthétisé en 1940. Beaucoup d'autres éléments ont été fabriqués depuis (*cf.* p. 167).

Le mendelevium, synthétisé pour la première fois en 1955, perpétue la mémoire du chimiste qui mit ses confrères sur la piste des éléments inconnus. Et aucune salle de chimie ne peut se prétendre telle sans tableau périodique.

Période	Groupe I	Groupe II	Groupe III	Groupe IV	Groupe V	Groupe VI	Groupe VII	Groupe VIII
1	H = 1							
2	Li = 7	Be = 9,4	B = 11	C = 12	N = 14	O = 16	F = 19	
3	Na = 23	Mg = 24	Al = 27,3	Si = 28	P = 31	S = 32	Cl = 35,5	
4	K = 39	Ca = 40	? = 44	Ti = 48	V = 51	Cr = 52	Mn = 59	Fe = 56 Ca = 59
								Ni = 59 Cu = 63

Transcription d'une partie du tableau de Mendeleïev publié en 1869; remarquez la case vide pour la masse atomique 44. Cet élément fut découvert en Suède en 1869 et porte le nom de scandium (Sc).

1879
Autriche

La loi de Stefan-Boltzmann

Josef Stefan (1835-1893)
Ludwig Boltzmann (1844-1906)

L'énergie totale rayonnée par un corps noir est proportionnelle à la quatrième puissance de la température du corps. (Un corps noir est un objet fictif absorbant tout le rayonnement qui l'atteint.)

Cette loi fut découverte expérimentalement par Stefan, et Boltzmann la découvrit analytiquement peu après.

Cette loi a de nombreuses applications. L'une d'entre elles, quelque peu inhabituelle, parut dans un article anonyme intitulé « Le Ciel est plus chaud que l'Enfer », dans la revue *Applied Optics*, vol. 11 (1972). L'article s'ouvre sur une citation de la Bible : Isaïe 30:26, « La lumière de la Lune sera comme la lumière du Soleil, et la lumière du Soleil sera sept fois plus forte, comme la lumière de sept jours. »

Ainsi, le « Ciel » reçoit de la Lune autant de lumière que nous du Soleil et en outre sept fois sept (49) fois plus de lumière du Soleil que la Terre, soit 50 fois en tout. Le rayonnement reçu par le « Ciel » le réchauffera jusqu'au point où la chaleur émise par radiation sera précisément égale à la chaleur reçue par radiation. Autrement, dit le « Ciel » émet 50 fois autant de chaleur que la Terre. D'après la loi de Stefan-Boltzmann, la température du « Ciel » est donc de 525 °C. Or, d'après Apocalypse 21:8, « Mais pour les lâches, les incrédules [...] leur part sera dans l'étang ardent de feu et de soufre » – la température de « l'Enfer » doit donc être inférieure à 445 °C, température à laquelle le soufre se change en gaz. Donc, le « Ciel » est plus chaud que « l'Enfer ».

Le nombre de Reynolds

Osborne Reynolds (1842-1912)

Le rapport, dans un écoulement fluide, entre les forces de pression et les forces de viscosité.

Le nombre de Reynolds est une quantité sans dimension (c'est-à-dire sans unité) qui revêt une très grande importance en mécanique des fluides.

Ce nombre dépend de la vitesse, de la densité, de la viscosité et des dimensions linéaires de l'écoulement (comme le diamètre d'un tuyau ou la hauteur d'un bâtiment). L'écoulement est décrit comme « turbulent » si le nombre est supérieur à 2 000. Il est considéré comme « laminaire » (régulier) si le nombre de Reynolds est inférieur à 2 000.

Reynolds, ingénieur théoricien reconnu, présenta l'idée d'un nombre caractérisant le type d'écoulement fluide dans un article au titre particulièrement long – « Recherches expérimentales sur les circonstances qui déterminent si le mouvement de l'eau sera direct ou sinueux et sur la loi de la résistance dans les canaux parallèles » – paru dans les *Philosophical Transactions of the Royal Society*. Dans cet article, il remarquait que « la tendance de l'eau à former des turbulences devient bien plus grande lorsque la température augmente. » Il associait l'augmentation de la température à une diminution de la viscosité (la résistance d'un écoulement fluide).

En 1868, Reynolds devint le premier professeur d'ingénierie de l'université de Manchester, poste qu'il occupa jusqu'en 1905. En 1877, il fut élu à la Royal Society dont il reçut onze ans plus tard la médaille royale.

1884
SUÈDE

LA THÉORIE D'ARRHENIUS
SUR LA DISSOCIATION IONIQUE

Svante Arrhenius (1859-1927)

Lorsqu'un composé ionique comme le chlorure de sodium se dissout dans l'eau, l'attraction électrostatique entre ses ions positifs et ses ions négatifs devient très faible et ils se séparent. Ainsi, le chlorure de sodium, NaCl, se sépare en ion Na^+ et Cl^-.

Ce processus s'appelle dissociation ionique et trouve des applications dans l'industrie, par exemple pour le placage des métaux.

Une fois les ions dissociés, un courant électrique peut passer à travers la solution qui devient ce que l'on appelle un électrolyte. Les ions positifs comme Na^+ sont attirés vers l'électrode négative (la cathode) et les ions négatifs comme Cl^- vers l'électrode positive (l'anode). Les ions des composés ioniques se séparent également quand ces composés sont fondus. C'est pourquoi ils conduisent l'électricité y compris dans un état de fusion.

Arrhenius énonça également les définitions suivantes : un acide est une substance qui donne en solution aqueuse des ions hydrogène H^+, et une base est une substance qui donne des ions hydroxyde OH^-. Il décrivit la neutralisation acide-base comme un processus au cours duquel H^+ et OH^- se combinent pour former une molécule d'eau, H_2O. **Le concept d'acide et base introduit par Arrhenius** est très limité dans sa portée, puisqu'il ne s'applique qu'à des solutions aqueuses. Il fut remplacé en 1923 par le modèle de Brønsted-Lowry (p. 143).

Voir : L'effet de serre, **p. 123**

L'EXPÉRIENCE DE MICHELSON-MORLEY

Albert A. Michelson (1852-1931)
Edward Morley (1838-1923)

L'objectif de cette expérience était de mesurer l'effet du mouvement de la Terre sur la vitesse de la lumière.

Cette célèbre expérience ne décela aucun effet.

Au XIXe siècle, les scientifiques pensaient que les ondes lumineuses se propageaient à travers un « éther » qui emplissait tout l'espace. Étant donné que la Terre se déplace sur son orbite à quelque 30 km par seconde, les scientifiques s'attendaient à ce que ce déplacement ait un effet sur la vitesse de la lumière. Plus précisément, les ondes lumineuses se propageant dans la direction du mouvement de la Terre devraient se propager plus rapidement, aidées par le déplacement à travers l'éther, tandis que les ondes lumineuses se déplaçant dans la direction opposée devraient être plus lentes.

L'expérience de Michelson et Morley était conçue pour déceler la moindre variation dans la vitesse de la lumière. Au cours de leur expérience, réalisée durant quatre jours dans une cave de Cleveland (Ohio), ils séparèrent un rayon de lumière en deux, envoyant les faisceaux séparés sur des directions perpendiculaires. Le dispositif avait été installé sur un rocher flottant sur du mercure, de manière à pouvoir l'orienter dans toutes les directions. Ils trouvèrent toujours la même vitesse de la lumière, quelle que soit la direction, et ne purent expliquer ce décalage par rapport à la théorie. Ce fut en 1905 que vint l'explication, grâce à la théorie de la relativité restreinte d'Einstein (*cf.* p. 130)

1888
ALLEMAGNE

HERTZ ET LES ONDES RADIO

Heinrich Hertz (1857-1894)

Les décharges électriques peuvent produire des ondes radio. Elles se propagent à la vitesse de la lumière et ont les mêmes propriétés que la lumière.

La découverte de Hertz fut à l'origine de la radiodiffusion. Les ondes radio sont des ondes électromagnétiques. D'autres exemples d'ondes électromagnétiques sont : les rayons gamma, les ultraviolets, la lumière visible, le rayonnement infrarouge et les micro-ondes.

En 1864, les équations de Maxwell (cf. p. 102) démontraient l'existence d'ondes électromagnétiques mais personne ne savait comment les mettre en évidence. En 1888, Hertz, jeune marié et professeur à l'université technologique de Karlsruhe, entreprit de trouver ces ondes qui se dérobaient. Il modifia un montage courant à l'époque, utilisé pour produire une décharge électrique et constitué d'une bobine à induction générant de petits éclairs entre deux boules de laiton. Quelques mètres plus loin, il plaça une bobine de fil reliée également à deux boules de métal légèrement séparées. Lorsqu'il lança une décharge dans le premier circuit, il eut l'heureuse surprise de voir un petit éclair entre les bornes du second circuit. Sa femme était à ses côtés pour observer ce qui fut la première transmission radio de l'histoire : une onde émise en un point avait été réceptionnée en un autre point. Ni musique, ni *talk-show*, juste un petit éclair bleuté et une entrée dans le journal de Hertz, au 1er novembre 1888 : « Découvertes de vibrations électriques verticales, dans des fils étirés en lignes droites ; longueur d'onde, 3 m. »

L'éclair produit démontrait expérimentalement l'existence des ondes électromagnétiques. Un an plus tard, Hertz fut capable de mesurer la vitesse à laquelle ces ondes se propageaient et put montrer que c'était la même que celle de la lumière. Ses expériences ultérieures démontrèrent que les ondes magnétiques pouvaient être réfractées, réfléchies et polarisées de la même manière que la lumière.

Hertz ne réalisa jamais l'importance de sa découverte. Un jour qu'il reproduisait son expérience devant ses étudiants, l'un d'eux lui demanda à quoi sa découverte pouvait être utile. « À rien, je suppose », répondit-il. C'est au physicien italien Guglielmo Marconi (1874-1937) qu'incomba la tâche de développer les technologies inhérentes à l'usage pratique des ondes hertziennes.

Nous sommes aujourd'hui familiarisés avec les différents types d'ondes qui composent le spectre électromagnétique. Elles se propagent toutes à la vitesse de la lumière et diffèrent les unes des autres par leur fréquence – fréquence qui se mesure en hertz (Hz), unité ainsi nommée en l'honneur de Hertz.

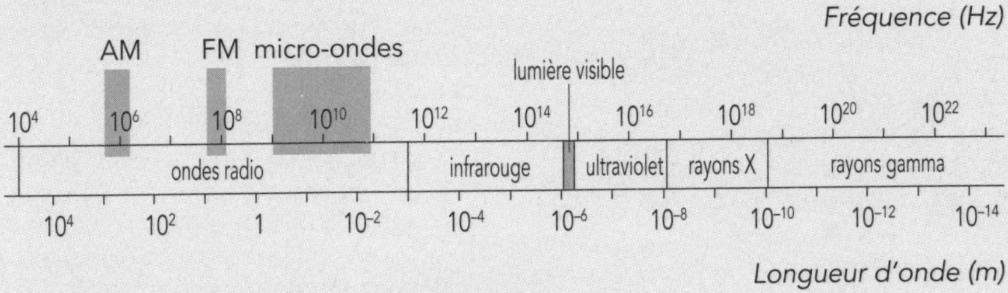

Une partie du spectre électromagnétique (des ondes radios aux rayons gamma).

1888
FRANCE

Le principe de Le Châtelier

Henri Louis Le Châtelier (1850-1936)

Lorsqu'un système en équilibre est soumis à une variation, il s'ajuste de manière à s'opposer à cette variation.

Ce principe découle de la conservation de l'énergie (*cf.* p. 88).

« Un peu de réflexion suffit pour se convaincre que ce principe découle nécessairement de la conservation de l'énergie, sinon les machines à mouvement perpétuel seraient treize à la douzaine et nous serions capables de créer une quantité infinie d'énergie à partir de n'importe quelle pichenette », disait Georges Gamow (p. 171) en 1963. Les machines à mouvement perpétuel continuent à fasciner les gens et si vous entrez ces termes dans un moteur de recherche sur Internet, des milliers de sites apparaîtront, prêts à vous divertir à perpétuité.

Le principe de Le Châtelier est sans égal pour comprendre comment maîtriser la production industrielle de produits chimiques tels que l'ammoniac. Au cours de celle-ci, azote et hydrogène réagissent pour former de l'ammoniac, c'est-à-dire azote + hydrogène ⇔ ammoniac (la double flèche montrant qu'il s'agit d'une réaction à double sens). Si l'on augmente la pression du système, la production d'ammoniac est plus grande, et si on diminue la pression, l'ammoniac se décompose en azote et hydrogène. Ainsi, en contrôlant la température et la pression, les chimistes peuvent produire de l'ammoniac avec un minimum de pertes.

Le Châtelier enseignait la chimie à l'École des Mines de Paris. On se souvient également de son invention des thermocouples pour mesurer les températures élevées (1877) et de la soudure oxyacétylénique (1895).

Tesla et le courant alternatif

Nikola Tesla (1856-1943)

Sur de longues distances, le transport de courant alternatif à haute tension est plus efficace que le transport de courant continu.

Le transport de courant continu n'est plus utilisé.

Dans les années 1880, l'inventeur américain Thomas Edison (1847-1931) mit au point le générateur de courant continu et fonda l'*Edison Light Company* pour construire des centrales. Cependant, le courant continu perdant beaucoup de son énergie dans le transport sur de longues distances, les centrales devaient se trouver à proximité des grandes villes. En 1888, Tesla inventa le moteur électrique et suggéra que le transport de courant alternatif serait plus efficace. Edison s'opposa avec virulence aux idées de Tesla, mais ce dernier parvint à convaincre l'entrepreneur Georges Westinghouse (1846-1914) de construire la première centrale à courant alternatif près des chutes du Niagara. Le 16 novembre 1896, cette centrale hydroélectrique devint la première centrale électrique à fournir du courant à deux villes éloignées (des chutes du Niagara à Buffalo, dans l'état de New York).

Tesla, Croate de naissance, était un génie tellement en avance sur son temps que ses contemporains ne comprirent pas toute la portée de ses inventions révolutionnaires. Outre le courant alternatif, il découvrit ou inventa le moteur à induction, la dynamo, le transformateur, les condensateurs, les turbines, les tachymètres, les lampes à décharge (ancêtres des tubes néons), la radiodiffusion et des centaines d'autres choses (le nombre de brevets à son nom dépasse les 700). L'unité de flux magnétique, le tesla (T), est ainsi nommée en son honneur.

1889
ANGLETERRE

LA BOÎTE MAGIQUE DE FRIESE-GREENE

William Friese-Greene (1855-1921)

La boîte magique de Friese-Greene était un appareil photo capable de prendre une série de clichés sur une bande de film perforé défilant derrière le diaphragme.

Il s'agit du principe de base de la caméra cinématographique.

Le photographe et inventeur Friese-Greene réalisa des expériences sur les films dès le début des années 1880, bien avant l'invention du kinétoscope par Thomas Edison. Sa machine possédait un viseur pour le spectateur et montrait des images sur carton en enchaînement rapide, donnant l'illusion d'un mouvement continu.

Au début de sa carrière professionnelle, Friese-Greene travailla avec J.A.R. Rudge, l'inventeur du vitascope, une lanterne magique améliorée qui utilisait une série de diapositives en enchaînement rapide. Plus tard, il ouvrit son magasin de photographie à Piccadilly, dans le centre de Londres. Il y passa son temps à expérimenter, essentiellement dans le but de trouver le bon type de pellicule. Il essaya d'abord des plaques de verre, puis des bandes de papier imbibées d'huile de ricin pour le rendre transparent, et enfin du papier celluloïd recouvert d'une émulsion impressionnable. C'est cette dernière solution qui convenait le mieux à ce qu'il recherchait.

Friese-Greene n'était pas un bon mécanicien, mais avec l'aide d'un ami ingénieur, il parvint à construire sa caméra, capable de prendre une série d'images sur un rouleau de film perforé se déplaçant à intervalle régulier derrière le diaphragme.

Un matin de 1889, il sortit dans Hyde Park et filma près de 6 m de pellicule. Le soir venu, dans son laboratoire, il développa le film et le passa dans son projecteur. Immédiatement jaillit sur l'écran un rêve devenu réalité – des fiacres et des piétons, tous se déplaçant comme dans la vie réelle ! L'enthousiasme le rendit presque fou.

« Ça y est ! Ça y est ! » S'exclamant de joie, Friese-Greene courut dans la rue et entraîna chez lui un policier qui passait par là. Il reprit la projection de son film devant cet unique spectateur, le premier de l'histoire du cinéma. Cette nuit-là, un rêve était devenu réalité pour Friese-Greene. Il fut le premier homme à réaliser et projeter un film. Cette joie fut malheureusement de courte durée. L'inventeur ne put persuader quiconque de soutenir financièrement sa découverte.

Au XIXe siècle, aucune invention ne fut plus courue que celle du cinématographe – aussi est-il difficile de dire qui en fut réellement l'inventeur. Edison est généralement reconnu comme tel, car Friese-Greene ne parvint pas à organiser avec succès des présentations ou des projections publiques. Augustin Leprince et les frères Lumières peuvent aussi prétendre aux rôles respectifs de Friese-Greene et Edison.

Friese-Greene mourut sans le sou à 66 ans. Son épitaphe, sur sa tombe au cimetière de Highgate à Londres, dit : « Son génie légua à l'humanité le trésor de la photographie commerciale. » Sorti en 1951, le merveilleux film de John Boulting, *The Magic Box* (avec Robert Donat dans le rôle de Friese-Greene et Laurence Olivier dans celui du policier-spectateur) retrace la vie de cet inventeur oublié.

1890
ANGLETERRE

FLEMING ET LES RÈGLES DES TROIS DOIGTS

John Ambrose Fleming (1849-1945)

Les règles de la main gauche et de la main droite, inventées par Fleming, sont utilisées pour la relation entre les directions du courant, du mouvement et du champ magnétique, respectivement dans les moteurs électriques et dans les dynamos.

Ces règles sont des moyens mnémotechniques très utiles pour les étudiants.

Les règles de Fleming, illustrées ci-dessous, doivent leur nom à un Anglais, ingénieur du génie électrique, et inventeur de la valve thermoïonique (en 1904).

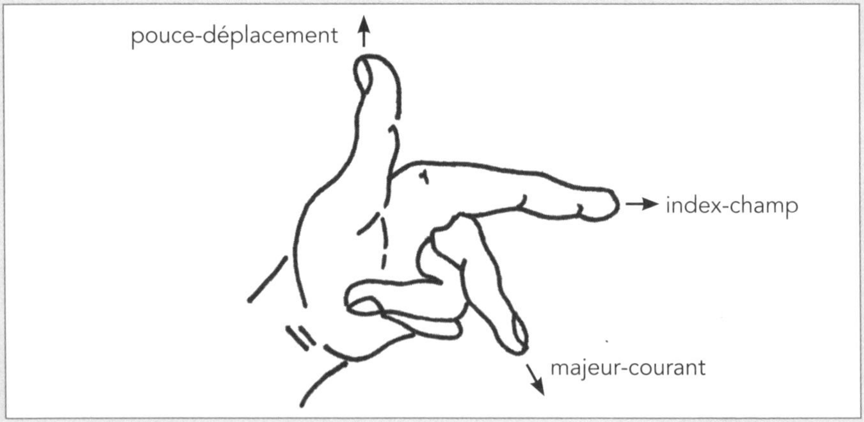

La règle de la main gauche est utilisée pour les moteurs électriques. Placez le pouce, l'index et le majeur de votre main gauche à angles droits. Les directions sont telles qu'indiquées sur la figure. Pour les dynamos, utilisez votre main droite.

LA CONTRACTION DE LORENTZ-FITZGERALD

George Fitz Gerald (1851-1901)
Hendrik Lorentz (1853-1928)

Un objet en mouvement semble se contracter.

La contraction est négligeable tant que la vitesse de l'objet n'est pas proche de celle de la lumière.

En 1894, FitzGerald suggéra qu'un objet en mouvement dans l'espace devrait subir une légère contraction, fonction de sa vitesse, dans le sens de son mouvement. En 1904, Lorentz étudia ce problème de manière indépendante et d'un point de vue atomique ; il établit un ensemble d'équations le décrivant. À partir de celles-ci, on peut par exemple calculer qu'une règle d'un mètre passant devant nous à 240 000 km par seconde (soit 80 % de la vitesse de la lumière) nous paraîtra n'avoir que 60 cm de long si nous sommes immobiles.

L'idée d'une contraction des longueurs conduisit un esprit anonyme à écrire les vers suivants :

Il était un homme nommé Fisk,
D'une grande habileté à l'épée.
Il était si vif dans l'action,
Que sa rapière, par contraction
De FitzGerald, fut réduite à un disque.

Un an plus tard, Einstein retrouvait indépendamment les équations de Lorentz à partir de sa théorie de la relativité restreinte (p. 130).

1894
ALLEMAGNE

LE PRINCIPE DE CATALYSE D'OSTWALD

Friedrich Ostwald (1853-1932)

Un catalyseur peut changer le taux d'avancement d'une réaction chimique mais n'est pas consommé par cette réaction.

L'effet d'un catalyseur est appelé catalyse. Son action est spécifique (c'est-à-dire qu'un catalyseur donné catalyse une réaction en particulier) et peut avancer ou reculer une réaction.

Le terme de catalyse vient du grec *katalusis* qui signifie « relâcher ». Il fut employé pour la première fois par Jöns Jacob Berzelius (p. 86) en 1836. Ostwald, physicien et chimiste, donna la première définition moderne de la catalyse et effectua une étude détaillée des réactions catalytiques. Il reçut le prix Nobel de chimie en 1909 pour ses travaux sur la catalyse.

Sans catalyseurs, la vie n'existerait pas. Les cellules vivantes produisent des enzymes qui jouent le rôle de catalyseurs pour toutes les réactions chimiques qui ont lieu dans les organismes vivants. Ostwald fut le premier à démontrer le rôle catalytique des enzymes. Le corps humain contient des milliers de types différents d'enzymes. Par exemple, une enzyme appelée amylase et présente dans notre salive améliore la transformation de l'amidon en sucres.

La pollution aérienne est réduite par l'utilisation d'un pot catalytique : un système permettant d'accélérer les réactions par lesquelles les résidus de la combustion, le monoxyde de carbone et les oxydes d'azote des gaz d'échappement se transforment en azote, eau et dioxyde de carbone inoffensifs.

Röntgen et les rayons X

Wilhelm Röntgen (1845-1923)

Les rayons X sont un rayonnement de haute énergie émis lorsque des électrons en déplacement rapide perdent de l'énergie sur un temps court.

Les rayons X pénètrent facilement les tissus vivants et peuvent, à fortes doses, causer des dommages graves. Leur découverte marqua l'entrée dans l'ère moderne de la physique et révolutionna la médecine.

Röntgen, professeur de physique à l'université de Würzburg, découvrit les rayons X par hasard, alors qu'il travaillait sur un tube de Crooke (un tube à décharge haute tension). Il remarqua qu'un écran de baryum au cyanure de platine posé sur un banc scintillait lorsque le courant circulait dans le tube. Plaçant sa main entre le tube et l'écran, il eut la surprise de voir une image du squelette de sa main apparaître. Il emballa une plaque photographique et une clé dans du papier kraft et les plaça près du tube. Au développement, la silhouette de la clé apparut sur la plaque.

Röntgen travailla fiévreusement et en secret – il ne fit pas même part à sa femme de sa découverte – pendant sept semaines pour déterminer les propriétés de ce mystérieux rayonnement. Il annonça sa découverte dans un article intitulé « Sur un nouveau type de rayonnement, Communication préliminaire », dans lequel il détaillait méthodiquement, en 17 sections, les propriétés des nouveaux rayons : ils peuvent traverser le bois, le papier et l'aluminium ; ils peuvent ioniser les gaz ; ils ne sont pas affectés par les champs électrique et magnétique ; ils ne présentent aucunes des propriétés de la lumière. Il les appela rayons X.

« Puis l'enfer se déchaîna », écrivit plus tard Röntgen. La découverte fit sensation dans le monde entier. Si les scientifiques applaudirent la nouvelle découverte et les travaux de Röntgen, des charlatans se chargèrent de vendre à un public naïf des sous-vêtements anti-rayons X et autres produits du même acabit. Les journaux de l'époque étaient plus enclins à rapporter les spéculations les plus folles que les faits scientifiques.

Extrait :

> *Certains pensent que, si tout ce qui nous a été câblé est vrai, il n'y aura plus aucune intimité chez personne, puisque quiconque muni d'un tube à vide peut désormais voir à travers les murs de briques.*

Un autre :

> *J'entends dire qu'ils passent à travers manteaux et robes, ces vilains, vilains rayons X.*

Même le très reconnu *Scientific American* (daté du 22 février 1896) choisit, plutôt que de rapporter les aspects scientifiques de l'histoire, de reproduire un poème du *Punch* de Londres :

> *Röntgen, alors la nouvelle est vraie,*
> *Ce n'est pas d'une rumeur oisive quelque trait,*
> *Qui vient nous dire de prendre garde à toi,*
> *À ton triste humour de cimetière.*

Heureusement, ces stupidités ne durèrent pas longtemps. En quelques mois, la médecine s'empara des rayons X pour faciliter les diagnostics. Röntgen ne breveta pas son dispositif. Il reçut le premier prix Nobel de physique en 1901.

L'effet de serre

Svante Arrhenius (1859-1927)

Le rayonnement émis par la surface de la Terre est absorbé par le CO_2 de l'atmosphère qui agit comme une couverture thermique tout autour du globe, créant ainsi un effet de serre.

Un siècle après qu'Arrhenius proposa sa théorie, nous savons aujourd'hui que l'effet de serre est l'effet de plusieurs gaz – le dioxyde de carbone, l'oxyde nitreux, le méthane, l'ozone et les fluorocarbures – présents dans l'atmosphère.

La combustion de combustibles fossiles et la destruction des forêts continuent de faire augmenter la concentration de dioxyde de carbone dans l'atmosphère. Le dioxyde de carbone est le gaz à effet de serre le plus répandu. Mais les concentrations d'oxyde nitreux (source principale : les gaz d'échappement), de méthane (source principale : les flatulences du bétail, une vache produit environ 300 l de méthane par jour) et des fluorocarbures (source principale : l'industrie) augmentent également. Ces gaz absorbent le rayonnement de la Terre et sont à l'origine d'un **réchauffement climatique**.

La température moyenne de surface de la Terre a augmenté de 0,5 °C depuis que l'effet de serre fut prédit par Arrhenius. Si le réchauffement se poursuit sans limitation, les scientifiques prévoient que la température moyenne de surface pourrait augment de 2,5 °C au cours des 50 prochaines années, avec des variations régionales importantes. Une hausse des températures mondiales entraînera une hausse du niveau des océans et changera les conditions climatiques locales. Notre planète sera, en moyenne, plus humide.

Voir : La théorie de la dissociation ionique, **p. 110**

1897
ANGLETERRE

LE MODÈLE DE THOMSON DE L'ATOME

Joseph John Thomson (1856-1940)

L'atome est une sphère de protons chargés positivement, fourrée d'électrons chargés négativement (comme des raisins secs dans un pudding) en quantité exacte pour neutraliser les charges positives.

Le modèle de Thomson fut le premier modèle de la structure interne de l'atome.

En 1886, le physicien allemand Eugen Goldstein (1850-1931) découvrit qu'un tube cathodique émettait des faisceaux de particules chargés positivement en plus des rayons cathodiques habituels. Ces particules furent baptisées protons. L'année suivante, Thomson montra que les rayons cathodiques pouvaient être déviés par un champ magnétique ou électrique. Il en conclut que les rayons cathodiques étaient des faisceaux de particules chargées négativement et que ces particules (nommées plus tard électrons) venaient des atomes du métal qui constituait l'électrode chargée négativement, la cathode.

On établit en 1909 que la masse d'un électron valait $^{1}/_{1\,837}{}^{e}$ de celle d'un proton (p. 133). Les électrons sont les briques fondamentales de l'électricité : l'électricité est un flot d'électrons dans un milieu conducteur. La découverte du proton et de l'électron conduisit Thomson à proposer son célèbre modèle, qui ne tarda pas à être supplanté par le modèle de son étudiant, Rutherford (*cf.* p. 136).

LANDSTEINER ET LES GROUPES SANGUINS

Karl Landsteiner (1868-1943)

Toute personne possède un des trois groupes sanguins suivants : A, B ou O.

Le quatrième groupe, AB, fut découvert un an plus tard. La découverte des groupes sanguins rendit beaucoup plus sûres les transfusions sanguines.

Landsteiner, assistant à l'Institut d'Hygiène de Vienne, s'intéressa aux « différences » entre « les sangs » après avoir vu des gens mourir à la suite de transfusions sanguines durant des opérations chirurgicales. Il reçut, pour sa formidable intuition, le prix Nobel de médecine en 1930.

Aujourd'hui, le sang humain est classé selon la présence de certains antigènes à la surface des globules rouges et de certains anticorps naturels (p. 181) dans le plasma. Une transfusion n'est sûre que si les groupes sanguins sont compatibles.

Groupe sanguin	Antigène sur les globules rouges	Anticorps dans le plasma	Peut donner du sang à	Peut recevoir du sang de
A	A	anti-B	A et AB	A et O
B	B	anti-A	B et AB	B et O
AB	A et B	aucun	AB	tous les groupes
O	aucun	anti-A et anti-B	tous les groupes	O

1898-1902
FRANCE

LES EXPÉRIENCES DES CURIE
SUR LA PECHBLENDE

Marie Curie (1867-1934)
Pierre Curie (1859-1906)

La pechblende, le minerai dont l'uranium est extrait, est beaucoup plus radioactive que l'uranium pur. Le minerai doit donc contenir des éléments radioactifs inconnus.

Les Curie identifièrent deux nouveaux éléments radioactifs, le polonium et le radium, dans la pechblende.

En 1896, le scientifique français Henri Becquerel (1852-1908) laissa par hasard un échantillon de pechblende – le minerai naturel brunâtre dont l'uranium est extrait – sur une plaque photographique couverte d'un papier protecteur noir. Lorsqu'il développa par erreur cette plaque, il découvrit, à sa grande surprise, qu'elle avait été impressionnée. Becquerel répéta avec soin cette expérience accidentelle et prouva que la pechblende émettait un rayonnement invisible, dont il fut incapable d'expliquer la nature.

La découverte de Becquerel attira l'attention du couple Curie : Marie, d'origine polonaise, et son époux Pierre, d'origine française. Marie étudia systématiquement le phénomène et démontra que la quantité de rayonnement émis par la pechblende était proportionnelle à la masse d'uranium présente.

Elle était convaincue que la pechblende contenait d'autres éléments radioactifs, puisqu'elle émettait plus de radiations que l'uranium : Pierre laissa de côté ses travaux en cours pour aider Marie dans sa quête de nouveaux éléments. Leurs expériences furent réalisées dans un vieil abri misérable à l'École de Physique et de Chimie Industrielle de la Ville de Paris. Froid et humide en hiver, l'abri était terriblement chaud en été et toujours empli de fumée et des émanations d'une marmite bouillonnante. Après quatre ans d'un dur labeur – qui impliquait de séparer les constituants de six tonnes de pechblende par des processus physicochimiques – Marie parvint à extraire quelques milligrammes de deux éléments nouveaux. Elle baptisa le premier élément « polonium » (en l'honneur de son pays natal), le second « radium » (du latin *radius*, pour rayon) et l'émission de radiations par certaines substances « radioactivité ».

En 1903, Marie partagea le prix Nobel de physique avec Pierre et Becquerel pour leurs travaux sur la radioactivité. Elle reçut en 1911 le prix Nobel de chimie pour sa découverte du polonium et du radium. Marie fut non seulement une grande savante mais également une grande femme. Sa vie fut un exemple de courage et de persévérance. Ses découvertes étaient pour le bien de l'humanité, et elle refusa de déposer des brevets, qui eussent été très lucratifs, sur le radium, disant que le radium appartenait au monde.

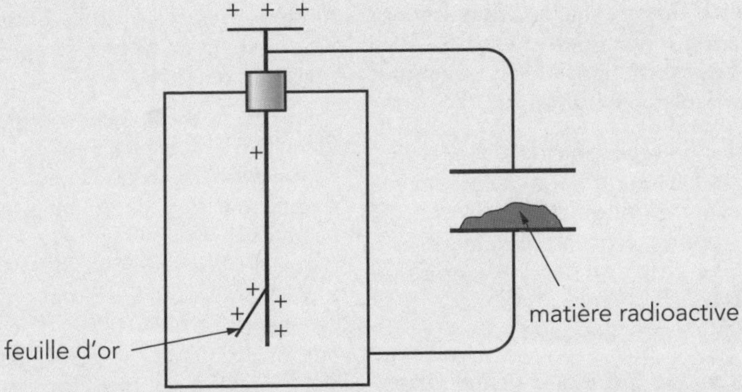

Les Curie utilisaient un simple électroscope à feuille d'or pour déceler la radioactivité. Lorsque l'électroscope est chargé, la feuille d'or est repoussée. Lorsqu'une substance radioactive est déposée sur la plaque, la charge fuit et la feuille d'or retombe.

1900
ALLEMAGNE

LA THÉORIE QUANTIQUE

Max Planck (1858-1947)

L'énergie n'est pas une quantité continue, elle est quantifiée : c'est-à-dire qu'elle se présente sous forme de paquets discrets ou quanta (au singulier quantum). Lorsque des particules émettent de l'énergie, elles le font uniquement par quanta.

Cette théorie marqua la naissance de la mécanique quantique (qui décrit les interactions et le mouvement des particules élémentaires).

D'après la mécanique quantique, l'énergie E d'un quantum (aussi appelé *photon*) est donnée par $E = h \cdot f$, où f est la fréquence du rayonnement et h une constante, aujourd'hui appelée **constante de Planck**, qui vaut 6,63 $\times 10^{-34}$ joules par seconde.

La mécanique quantique fut immédiatement acceptée par les scientifiques. En 1905, Einstein l'appliqua dans son explication de l'effet photoélectrique. Bohr l'utilisa en 1913 pour développer le modèle quantique de l'atome (p. 139). Planck se vit décerner le prix Nobel de physique en 1918.

Bien qu'ayant toujours été anti-nazi, Planck se sentit trop vieux pour s'opposer à l'avènement de Hitler. Dans l'Allemagne nazie, il continua à travailler à l'Institut Kaiser-Wilhelm (devenu aujourd'hui le Max Planck Institut). Quelques mois avant sa mort, il fit par écrit un récit détaillé de sa sollicitation d'un entretien auprès de Hitler pour « parler en faveur » de ses collègues juifs. Son ami Einstein ne lui pardonna jamais de n'avoir pas montré une opposition plus ferme à Hitler, et ne communiqua plus jamais avec lui après la guerre.

RÉFLEXES ET CONDITIONNEMENT

Ivan Pavlov (1849-1936)

Les travaux de Pavlov ouvrirent la voie à une étude objective des comportements humains.

Un réflexe inné est quelque chose que nous faisons sans réfléchir (comme retirer sa main d'une flamme). Un réflexe conditionné est une réponse acquise à un stimulus de l'environnement (par exemple, le tintement d'une cloche peut déclencher chez un chien, par apprentissage, la salivation). Le procédé par lequel en réponse à un stimulus donné s'acquiert un réflexe particulier est le conditionnement.

Dans les années 1890, Pavlov, un physiologiste, réalisa une étude exhaustive du système digestif des chiens. Il reçut pour ces travaux pionniers le prix Nobel de physiologie en 1904. Cependant, c'est pour des travaux publiés en 1903 qu'il est le plus célèbre, travaux qu'il poursuivit jusqu'à sa mort.

Au cours de ses expériences sur les chiens, Pavlov avait observé que, sans salivation, le cerveau ne recevait pas le message de début de digestion. Il se demanda si un processus d'apprentissage pouvait interférer avec la salivation. Pour tester cette hypothèse, il entreprit sur les chiens une série d'expériences connues aujourd'hui de tous les étudiants en psychologie. Au cours d'une d'entre elle, il plaça systématiquement un métronome près d'un chien avant de lui donner à manger. Après quelque temps, le chien commença à saliver au seul son du métronome, avant même que la nourriture n'arrive. Pavlov en conclut que le jeu des réflexes innés et acquis permettait à un animal de modifier son comportement sur la base de l'expérience.

1905
Suisse

La théorie de la relativité restreinte

Albert Einstein (1879-1955)

(1) Le principe de relativité : Les lois de la science sont les mêmes dans tous les référentiels. (2) Constance de la vitesse de la lumière : La vitesse de la lumière dans le vide est constante et indépendante de la vitesse de l'observateur.

Ce sont les deux hypothèses fondamentales de la théorie.

Quand il formula sa théorie de la relativité restreinte, Einstein n'avait que 26 ans et travaillait comme clerc à l'office suisse des brevets à Berne. L'importance de la théorie d'Einstein ne fut reconnue qu'après de nombreuses années par la communauté scientifique, car aucune preuve expérimentale ne venait l'étayer.

Cette théorie met fin à l'absolu du temps : nos mesures du temps sont dépendantes de notre mouvement. Une personne qui s'éloigne en courant d'une horloge la verra tourner moins vite que sa montre. Cette théorie dit aussi que la masse d'un objet en mouvement augmente avec sa vitesse. À la vitesse de la lumière, qui est d'environ 300 000 km par seconde, la masse devient infinie et donc rien ne peut se déplacer plus vite que la lumière.

En théorie, il faudrait neuf ans à un vaisseau spatial voyageant à une vitesse proche de celle de la lumière pour effectuer un aller-retour à Proxima du Centaure, l'étoile la plus proche du Soleil ; mais à cause de la dilatation relativiste du temps, l'équipage verrait, à son retour, que, sur Terre, plusieurs décennies se seraient écoulées. Mais l'équipage ne verrait aucune différence à bord du vaisseau. De leur point de vue, le vaisseau aurait pu être immobile tandis que la Terre s'éloignait à la vitesse de la lumière et que le temps s'y dilatait.

Le temps relatif pose donc un paradoxe intéressant : si un jumeau participe au voyage, il reviendra plus jeune que son frère resté sur Terre.

La théorie de la relativité restreinte défiait le sens commun, mais pour Einstein ce bon sens n'était que « les préjugés déposés dans la tête des gens avant leur majorité ». Il fit un jour la remarque qu'il s'était trouvé une époque où le bon sens empêchait de concevoir que la Terre fût ronde.

Et si vous pouviez voyager bien plus vite que la lumière, comme *Miss Bright* dans la célèbre chansonnette, vous reviendriez la veille de votre départ.

Il était une jeune fille nommée Miss Bright
Qui pouvait voyager beaucoup plus vite que la lumière,
Elle partit un jour,
À la Einstein,
Et revint la veille.

Tant que régnera la théorie d'Einstein, les voyages dans le temps vers le passé demeureront dans le royaume de la science-fiction. Comme l'écrivait le poète latin Virgile : le temps vole et s'enfuit sans retour.

Voir : La théorie de la relativité générale, **p. 140**

$E = mc^2$

Albert Einstein (1879-1955)

L'énergie d'un corps (E) est égale au produit de sa masse (m) par le carré de la vitesse de la lumière (c).

L'équation la plus célèbre du monde montre que masse et énergie peuvent être, sous certaines conditions, converties l'une en l'autre.

Pendant des siècles, les scientifiques avaient cru que masse et énergie étaient deux choses entièrement distinctes. Einstein montra qu'elles ne faisaient qu'un. L'équation masse-énergie est une conséquence de la théorie de la relativité restreinte d'Einstein (p. 130).

Pour apprécier l'importance de $E = mc^2$, imaginez : l'énergie E est en joules, m est la masse en kilogrammes et c la vitesse de la lumière en mètres par seconde, donc l'énergie contenue dans 1 kg de matière = $1 \times 300\,000\,000 \times 300\,000\,000$ joules = 90 000 millions de millions de joules = l'énergie libérée par 20 mégatonnes de TNT.

La bombe atomique d'Hiroshima ne pesait que 15 kilotonnes. Pendant des années, Einstein crut qu'il était impossible de libérer une telle quantité d'énergie. Mais la bombe d'Hiroshima vint lui donner tort. On peut dire que $E = mc^2$ ouvrit l'ère nucléaire.

La goutte d'huile de Millikan

Robert Millikan (1868-1953)

Millikan mesura la charge de l'électron.

L'expérience de Millikan démontra que l'électron constituait l'unité fondamentale d'électricité : l'électricité est un courant d'électrons.

L'ingénieux dispositif expérimental conçu par Millikan consistait en une petite boîte placée sous un microscope. Un vaporisateur permettait d'y introduire des gouttes d'huile minérale entre deux plaques circulaires chargées, distantes de deux centimètres. En ajustant la tension, on pouvait ajuster le champ électrique jusqu'à ce que les gouttes restent suspendues dans l'intervalle : la charge portée par la goutte (la force électrique vers le haut) devait être égale à son poids (la gravité, vers le bas).

À partir de cette expérience, Millikan calcula la charge élémentaire de l'électron : $1{,}6 \times 10^{-19}$ coulombs (par convention, cette charge est appelée charge élémentaire négative, – 1). Cette charge ne peut être divisée. Millikan mesura aussi que la masse de l'électron représentait $^{1}/_{1\,837}{}^{e}$ de celle d'un proton, soit $9{,}1 \times 10^{-31}$ kg.

En 1923, Millikan devint le second Américain (Michelson, p. 113, avait été le premier en 1907) à recevoir le prix Nobel de physique. Il déclara un jour : « Cultivez l'habitude d'être attentif et essayez de saisir les occasions d'écouter ce que des femmes et des hommes sages ont à dire. L'indifférence et l'inattention sont les deux monstres les plus dangereux que vous rencontrerez. Curiosité et attention vous assureront une éducation. »

1909
DANEMARK

LE PH

Søren Peter Sørensen (1868-1939)

L'échelle pH est une échelle d'acidité et d'alcalinité, qui va de 0 (plus acide) à 14 (plus alcalin). Une solution neutre a un pH de 7. Une solution est acide si son pH est inférieur à 7, basique (alcaline) s'il est supérieur à 7.

Il s'agit d'une échelle logarithmique : par exemple, un verre de bière avec un pH de 4 est dix fois plus acide qu'une tasse de café avec un pH de 5.

Le pH (« potentiel Hydrogène ») mesure la concentration d'ions hydrure (H^-) dans l'eau. L'échelle pH ne peut donc être utilisée que pour des acides et des bases en solution aqueuse. Quelques valeurs courantes de pH ci-dessous :

Acide des piles	0,1 à 0,3	Eau potable (la plupart)	6,3 à 6,6
Acide gastrique	1 à 3	Eau pure	7,0
Vinaigre	2,4 à 3,4	Eau de mer	7,8 à 8,3
Sodas	2,5 à 3,5	Ammoniac	10,6 à 11,6
Sol (convenant le mieux pour la plupart des plantes)	6 à 7	Nettoyant tuyauteries	14

LA SUPRACONDUCTION

Heike Kamerlingh Onnes (1853-1926)

À des températures très basses, certains matériaux conduisent l'électricité sans aucune résistance : c'est-à-dire quasiment sans aucune perte d'énergie.

Ces matériaux sont appelés supraconducteurs et ont beaucoup d'applications technologiques.

En 1908, Kamerlingh Onnes, un physicien, parvint à refroidir de l'hélium à des températures proches du zéro absolu (– 273,15 °C). Il utilisa ce réfrigérateur pour étudier les propriétés des métaux à basse température. En 1911, il découvrit que des métaux comme le mercure, le plomb ou le fer-blanc devenaient supraconducteurs à très basse température, découverte qui lui valut le prix Nobel de physique en 1913.

De nos jours, les scientifiques savent qu'environ 24 éléments et des centaines de composés deviennent supraconducteurs près du zéro absolu, températures qui ne peuvent être atteintes qu'avec de l'hélium. L'hélium étant rare et cher, les technologies basées sur la supraconduction furent peu développées jusqu'en 1986, date à laquelle les scientifiques développèrent un composé céramique qui devient supraconducteur à la température de l'azote liquide, – 196 °C.

L'application médicale la plus importante des supraconducteurs est l'IRM (imagerie par résonance magnétique), utilisées par les médecins pour scanner le corps humain. L'IRM requiert de très puissants électroaimants. Fabriqués dans des métaux ordinaires, ceux-ci seraient aussi gros que des semi-remorques et dégageraient tant de chaleur qu'il faudrait littéralement des rivières pour les refroidir. Les électroaimants supraconducteurs font la même chose mais sans dégager de chaleur – et ils sont si petits qu'ils tiennent sur une table basse.

1911
ANGLETERRE

LE MODÈLE DE RUTHERFORD DE L'ATOME

Ernest Rutherford (1871-1937)

L'atome contient un noyau de très grande densité et de charge positive en très grande concentration. La majeure partie de l'atome est constituée de vide, les électrons orbitant autour du minuscule noyau comme les planètes autour du soleil.

Le modèle de Rutherford est toujours considéré comme correct essentiellement, bien qu'il ait été modifié depuis.

Rutherford, Néo-zélandais, était professeur de physique au Canada, à l'université McGill, lorsqu'il annonça en 1902 sa **théorie de la radioactivité** :

« La radioactivité est due à la désintégration nucléaire, c'est-à-dire à la division du noyau de l'atome en morceaux plus petits. Un atome radioactif émet trois types de radiations – les particules alpha, les particules bêta et les rayons gamma – et se désintègre en un nouvel élément. » Bien que d'abord accueillie par une large incrédulité (un de ses collègues lui demanda comment il se faisait que les atomes radioactifs fussent pris d'une « manie suicidaire incurable »), cette théorie valut à Rutherford le prix Nobel de chimie en 1908. Il s'amusait à dire à ses amis que la transition la plus rapide qu'il connaissait était sa métamorphose de physicien en chimiste.

En 1909, alors professeur à Manchester, Rutherford demanda à son collègue Hans Geiger (qui inventa plus tard le célèbre compteur Geiger) et à un brillant étudiant, Ernest Marsden, d'étudier la diffusion des particules alpha, qui sont des noyaux d'hélium, chargés positivement. Ils bombardèrent une mince feuille d'or avec ces particules alpha à grande vitesse issues d'un élément radioactif. Presque toutes les particules passaient à travers la feuille d'or (d'environ 1 000 atomes d'épaisseur) mais une sur 20 000 rebondissait dessus. D'après les calculs basés sur le modèle de Thomson (p. 124), les particules alpha, chargées positivement, auraient dû passer directement à travers, comme une balle à travers une feuille de papier.

Le résultat de l'expérience étonna grandement Rutherford : « C'était presque aussi incroyable que si vous aviez envoyé un obus de 75 sur un mouchoir en papier et qu'il avait rebondi. » Pour rendre compte des résultats expérimentaux, Rutherford suggéra que la majeure partie d'un atome d'or était constituée de vide et que presque toute sa masse et toute sa charge étaient concentrées dans un minuscule noyau. La majorité des particules alpha passaient à côté des noyaux d'or et à travers la feuille sans le moindre problème. Rutherford proposa alors un nouveau modèle de l'atome : « L'atome contient un "noyau" très dense de charge positive très concentrée. La majeure partie de l'atome est constituée de vide, les électrons orbitant autour du minuscule noyau central, comme les planètes autour du Soleil. » Pendant les 12 mois suivants, Geiger et Marsden menèrent des expériences supplémentaires pour démontrer que le nouveau modèle était correct. Après avoir annoncé sa théorie en 1911, Rutherford, exhibant un large sourire, confia à ses proches collaborateurs, au sujet de ses détracteurs : « Certains donneraient des milliers de livres sterling pour infirmer cette théorie. »

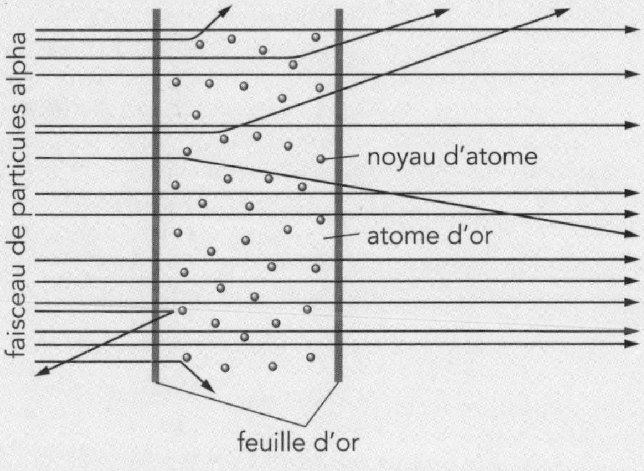

Comment une feuille d'or révéla l'existence du noyau atomique. Ce diagramme montre comment certaines particules alpha passent à travers la feuille d'or, alors que d'autres sont déviées au contact d'un noyau.

Voir : L'atome de Bohr, **p. 139**

1912
ANGLETERRE

LA LOI DE BRAGG

William Henry Bragg (1862-1942)
William Lawrence Bragg (1890-1971)

Des rayons X diffusés sur un cristal exhiberont des interférences constructives si leur longueur d'onde λ satisfait l'équation $2d \sin\theta = n\lambda$, où d est la distance entre les atomes du cristal, θ l'angle de diffraction des rayons et n un nombre entier quelconque.

Aussi complexe qu'elle puisse être, cette loi est la pierre angulaire de l'ingénieuse science qu'est la cristallographie.

William Henry et William Lawrence étaient père et fils. William Henry, né en Angleterre, était arrivé en Australie en 1885 en tant que professeur de physique et de mathématiques à l'université d'Adélaïde. En 1909, les Bragg rentrèrent en Angleterre, où le père et le fils travaillèrent ensemble sur les structures cristallines à l'aide de rayons X, fondant ce faisant la cristallographie par rayons X.

Pour leurs travaux pionniers sur les rayons X et la structure atomique des cristaux, et pour leur découverte de l'agencement régulier des atomes dans les cristaux (telles des oranges sur un étal), ils reçurent le prix Nobel de physique en 1915. Les Bragg sont le seul couple père-fils à avoir été honoré de la sorte. William Lawrence demeure le plus jeune (25 ans) lauréat du prix Nobel.

L'ATOME DE BOHR

Niels Bohr (1885-1962)

Les électrons des atomes sont limités à certaines orbites, dites « orbites autorisées », mais ils peuvent passer d'une orbite autorisée à une autre.

Le modèle de Bohr fut le premier modèle quantique de la structure interne de l'atome.

Bohr, qui travailla avec Rutherford à Manchester, améliora le modèle de Rutherford (p. 136), dans lequel les électrons étaient libres sur leurs orbites autour du noyau. Outre le fait qu'il restreignait les orbites possibles pour les électrons, le modèle de Bohr suggérait que :

- l'orbite la plus proche du noyau est celle d'énergie la plus basse, et les énergies sont d'autant plus élevées que les orbites sont éloignées du noyau ;
- quand un électron saute à une orbite plus basse, il émet un photon ;
- si un électron absorbe de l'énergie, il saute vers une orbite plus élevée.

Bohr appelait ce saut d'une orbite à une autre un « saut quantique » – l'électron ne traverse jamais l'espace qui les sépare. Cette expression fait désormais parti du langage courant.

Bohr reçut le prix Nobel de physique en 1922 (son fils Aage le reçut en 1975). En 1943, Bohr dut quitter le Danemark occupé par les Nazis. Il gagna d'abord l'Angleterre, puis les États-Unis, où il travailla à Los Alamos sur le projet de bombe atomique. Avant de quitter le Danemark, Bohr fit se dissoudre sa médaille Nobel dans une bouteille d'acide qu'il abandonna. Après la guerre, il récupéra l'or dans la bouteille et fit refrapper la médaille.

Voir : La théorie quantique, p. 128

1915
ALLEMAGNE

LA THÉORIE DE LA RELATIVITÉ GÉNÉRALE

Albert Einstein (1879-1955)

Les corps ne s'attirent pas mutuellement par attraction, c'est la présence de matière qui déforme l'espace de telle manière qu'un champ de gravitation apparaît. La gravitation est une propriété de l'espace lui-même.

La théorie prédit que la lumière devrait être déviée par la gravitation et que le temps s'écoule plus lentement près d'un corps massif tel que la Terre.

Einstein prédit que la lumière d'une étoile passant à proximité du Soleil serait déviée par la gravitation de l'astre. La lumière d'étoiles situées derrière le Soleil devrait donc être visible lors d'une éclipse totale. L'éclipse du 29 mai 1919 fut l'occasion de tester sa théorie. Des scientifiques organisèrent deux expéditions pour observer l'éclipse : une sur l'île de Principe, près de la côte ouest de l'Afrique, l'autre à Sobral dans le nord du Brésil. Lorsque les résultats lui parvinrent, Einstein écrivit une carte postale enthousiaste à sa mère : « Les expéditions ont mesuré une déviation de la lumière stellaire par le Soleil. » La loi de Newton de la gravitation universelle (p. 38), après deux siècles de règne, était battue en brèche.

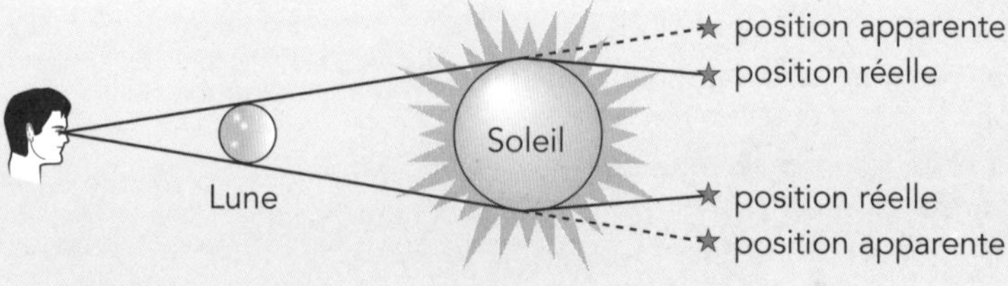

Comment une éclipse de Soleil prouva la théorie de la relativité générale.

Voir : La théorie de la relativité restreinte, **p. 130**

Wegener et la dérive des continents

Alfred Wegener (1880-1930)

La surface émergée de la Terre constituait à une époque un seul et même supercontinent. Il y a près de 250 millions d'années, ce supercontinent se sépara pour former les continents que nous connaissons aujourd'hui, qui ont dérivé jusqu'à leurs positions actuelles.

La dérive des continents se poursuit encore aujourd'hui.

Lorsque Wegener publia sa théorie dans son livre *L'Origine des continents et des océans*, elle ne fut pas prise au sérieux par manque de preuves. Un scientifique célèbre la qualifia même de « vraie pourriture ». Ce fut l'opinion dominante jusqu'aux années 1960, où les nouvelles technologies permirent des observations océanographiques et géologiques jusque-là impossibles.

En 1962, le géologue américain Harry Hammond Hess (1906-1969) énonça son **hypothèse d'ouverture des fonds océaniques** : le fond de l'océan s'ouvre sans cesse de part et d'autre d'une dorsale de 64 000 km de long – la dorsale médio-océanique – qui s'étire du nord au sud de l'Atlantique et à travers les océans Pacifique et Indien. Des matériaux volcaniques émergent du manteau de la Terre au niveau de cette faille et créent continuellement une nouvelle croûte océanique.

De nos jours, la **théorie de la tectonique des plaques** unifie les idées plus anciennes de dérive des continents et d'expansion des fonds océaniques. D'après cette théorie, la couche la plus superficielle de la Terre, la lithosphère, comprend six plaques principales, et plusieurs secondaires, en mouvement les unes par rapport aux autres. Les plaques font 70 à 150 km d'épaisseur et transportent continents et bassins océaniques sur leur dos comme des barges géantes. Les plaques dérivent telles des plaques de glace sur le manteau, la couche semi-fluide située en dessous de la lithosphère. Diverses plaques se déplacent d'environ 2 cm par an (soit à peu près la même vitesse que celle à laquelle vos ongles poussent).

Tremblements de terre et volcans se concentrent sur les frontières des plaques. Les marges de ces plaques peuvent s'éloigner l'une de l'autre, entrer en collision ou coulisser. Les plaques en collision forment les montagnes. Celles qui s'éloignent ouvrent des océans, celles qui coulissent peuvent former des dorsales médio-océaniques. La faille de San Andreas est un exemple classique de frontière coulissante.

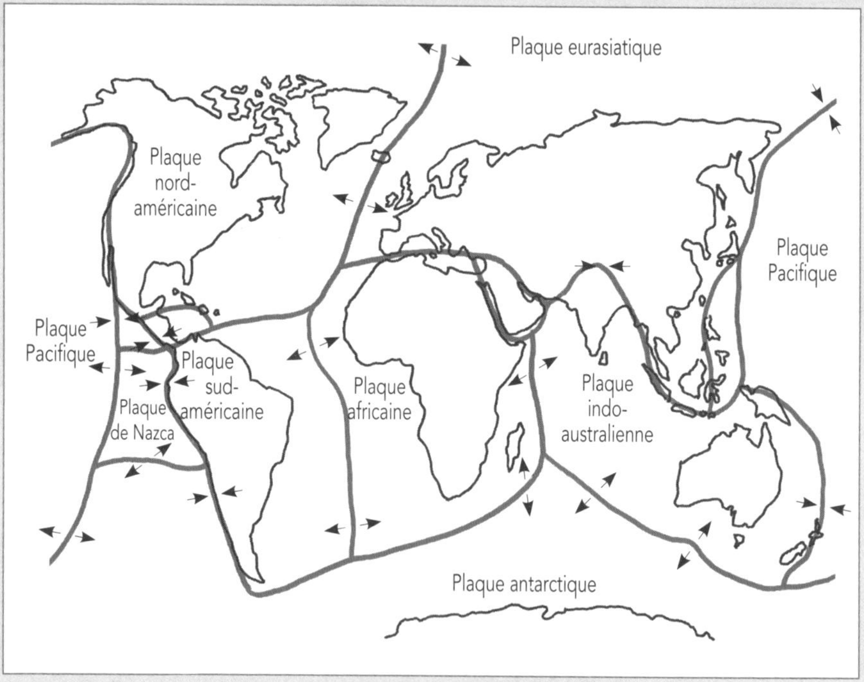

La couche externe, rigide, de la Terre est découpée en un certain nombre de plaques.

LA THÉORIE DES ACIDES ET DES BASES DE BRØNSTED-LOWRY

Johannes Brønsted (1879-1947)
Thomas Lowry (1874-1936)

Un acide est une molécule ou un ion capable de donner un proton (c'est-à-dire un noyau d'hydrogène H^+) lors d'une réaction chimique, tandis qu'une base est une molécule ou un ion capable d'en accepter un.

Énoncé simplement, un acide est un donneur de proton et une base un accepteur de proton.

La théorie de Brønsted-Lowry étend celle d'Arrhenius (p. 110) car elle englobe des réactions qui ont lieu en l'absence d'eau, telles que les réactions entre l'ammoniac et l'acide chlorhydrique. La même année que celle où Brønsted et Lowry parvinrent de manière concurrente et indépendante à leur théorie, le chimiste américain Gilbert Lewis (1875-1946) proposa une conception généralisée. Pour la **théorie de Lewis**, un acide est une molécule ou un ion capable d'accepter une paire d'électrons, une base est une molécule ou un ion capable de donner une paire d'électrons. La théorie de Lewis explique pour quoi les oxydes métalliques sont basiques (ils contiennent l'ion oxyde, qui donne deux électrons) et les oxydes non métalliques sont acides (l'ion oxyde accepte deux électrons à partager avec l'atome non métallique).

Tous les étudiants en chimie savent qu'un acide fait rougir le papier pH et qu'une base le rend bleu. Peut-être ne savent-ils pas que l'acide le plus fort que l'on connaisse est une solution à 80 % de pentafluorure d'antimoine en acide fluorhydrique et que la base la plus forte que l'on connaisse est l'hydroxyde de césium.

1924
FRANCE

Les ondes de de Broglie

Louis de Broglie (1892-1987)

À l'instar des photons, les particules comme les électrons exhibent également une dualité onde-corpuscule, c'est-à-dire qu'elles peuvent se comporter comme des ondes.

Si les ondes peuvent se comporter comme des particules, alors pourquoi les particules ne pourraient-elles pas se comporter comme des ondes ? Ce raisonnement aida de Broglie à élaborer sa théorie, qui joua un rôle important dans le développement de la mécanique ondulatoire.

La longueur d'onde λ (la lettre grecque lambda, en minuscule) de la particule matérielle, appelée longueur d'onde de de Broglie, est donnée par l'équation $\lambda = h/p$, où h est la constante de Planck (p. 128) et p la quantité de mouvement (masse × vitesse) de la particule. La longueur d'onde d'un photon et sa quantité de mouvement sont également liées de la même manière.

La nature ondulatoire des électrons fut prouvée expérimentalement en 1927, par une expérience très similaire à celle des fentes d'Young, à ceci près que la distance entre les fentes était ici de 0,1 nanomètre. Plus récemment, les scientifiques ont fait passer des molécules aussi grosses que des footballènes (p. 192) à travers des fentes d'interférence ; ils ont observé des figures d'interférences démontrant que tous les atomes et toutes les molécules peuvent se comporter comme des ondes.

De Broglie avait étudié à Paris, à la Sorbonne, où il présenta sa théorie sur la nature ondulatoire de la lumière pour sa thèse de doctorat. Les examinateurs trouvèrent cette thèse révolutionnaire bien étrange et demandèrent à Einstein son avis. Celui-ci répondit : « Ça a peut-être l'air fou, mais c'est parfaitement sain. » La thèse fut acceptée et cinq ans plus tard, en 1929, de Broglie reçut le prix Nobel de physique.

Le condensat de Bose-Einstein

Albert Einstein (1879-1955)
Satyendra Nath Bose (1894-1974)

À des températures proches du zéro absolu, atomes et molécules perdent leurs identités propres pour se fondre en un unique « super atome ». Ce super atome s'appelle un condensat de Bose-Einstein.

Comme les solides, les liquides, les gaz et les plasmas (des gaz chauds ionisés), le condensat de Bose-Einstein est un état de la matière.

En mécanique quantique, les particules élémentaires peuvent, dans certaines circonstances, se comporter comme des ondes. Ces ondes – qui sont véritablement des ondes de probabilité – décrivent la probabilité de trouver une particule donnée en un endroit donné. Le principe d'incertitude (p. 148) interdit de connaître de manière exacte la position d'une particule. En 1924, en Allemagne, Einstein prédisait, en se basant sur des idées initialement proposées par le physicien d'origine indienne Bose, que pour des atomes approchant du zéro absolu (p. 92), les ondes s'élargiraient et finiraient par se superposer : les particules élémentaires qui les constituent fusionnent en un seul état quantique aujourd'hui connu sous le nom de condensat de Bose-Einstein.

En 1995, des scientifiques américains réussirent à créer un condensat de Bose-Einstein en laboratoire. Ils refroidirent des atomes de rubidium jusqu'à une température record de 180 milliardièmes de degrés au-dessus du zéro absolu (qui est à – 273,15 °C). Pour des durées allant jusqu'à 15 minutes, ce n'était pas seulement la transformation d'une « bouteille » contenant des atomes de rubidium en l'endroit le plus froid et le plus calme de l'univers : c'était une forme nouvelle de matière qui était créée.

1925
AUTRICHE

Le principe d'exclusion de Pauli

Wolfgang Pauli (1900-1958)

Deux électrons d'un atome ne peuvent avoir le même nombre quantique.

Un nombre quantique décrit certaines propriétés d'une particule, telles que la charge ou le spin.

Une des principales applications de ce principe se trouve dans la structure des couches électroniques des atomes : une orbitale ou un niveau d'énergie ne peut contenir plus de deux électrons, l'un tournant dans un sens, l'autre dans le sens opposé.

Les électrons sont regroupés par couches, qui contiennent elles-mêmes les orbitales. Les couches sont numérotées (n = 1, 2, 3 etc.) à partir du noyau, ce numéro correspondant au nombre quantique principal. Quand n augmente, l'énergie associée à la couche augmente, ainsi que la distance entre la couche et le noyau. Le nombre d'électrons autorisés dans une couche est $2n^2$. Chaque couche ne peut avoir que n sous-couches. Chaque sous-couche porte un numéro et une lettre (s, p, d, f, g, etc.). Par exemple, la structure des couches électroniques du lithium est $1s^2 2s^1$ (deux électrons dans une sous-couche s de la première couche, et un électron dans une sous-couche s de la deuxième couche, l'exposant indiquant le nombre d'électrons dans la couche).

Le principe de Pauli donna une base théorique à la classification périodique moderne (p. 106). Pauli reçut le prix Nobel de physique en 1945 pour son principe d'exclusion.

Voir : Le postulat du neutrino, **p. 154**

L'ÉQUATION DE SCHRÖDINGER

Erwin Schrödinger (1887-1961)

Cette équation mathématique complexe décrit l'évolution du profil ondulatoire d'une particule (par exemple un électron dans un atome). La solution de l'équation donne la probabilité de trouver la particule à un endroit donné.

Cette équation fondamentale de la mécanique quantique fournit une description mathématique des propriétés ondulatoires des particules.

Si vous ne connaissez pas l'équation de Schrödinger, vous avez probablement déjà entendu parler de son chat. Bien sûr, pas un minet en chair et en os, mais une expérience de pensée appelée **le chat de Schrödinger**. Schrödinger, scientifique et génie mathématique, imagina cette expérience en 1935 pour illustrer la probabilité de trouver un électron à un endroit donné. Il imagina une boîte fermée, contenant un échantillon de matière radioactive, une capsule de cyanure et un chat vivant. L'éjection d'une particule par la matière radioactive fournirait l'événement quantique qui déclencherait l'ouverture de la capsule de cyanure. Après un certain temps, si l'événement quantique s'est produit, le chat est mort ; sinon, il est toujours en vie. Schrödinger soutenait que le chat n'était ni vivant ni mort jusqu'à ce que quelqu'un ouvre la boîte et l'observe. Le chat serait-il à la fois mort et vivant ? Ce paradoxe n'a pas encore été résolu.

Ses travaux en mécanique ondulatoire valurent à Schrödinger le prix Nobel de physique en 1933.

1927
ALLEMAGNE

LE PRINCIPE D'INCERTITUDE D'HEISENBERG

Werner Heisenberg (1901-1976)

Il est impossible de déterminer exactement et simultanément la position et la quantité de mouvement d'une particule (par exemple un électron).

Le principe exclut l'existence d'une particule stationnaire. Il s'agit d'une des pierres angulaires de la mécanique quantique (p. 128).

Pour mesurer simultanément à la fois la position et la quantité de mouvement (= masse × vitesse) d'une particule, il faut deux mesures : or, l'acte même de mesurer une quantité « perturbera » la particule et créera une incertitude sur la seconde mesure. Ainsi, plus la position est connue avec précision, moins la quantité de mouvement peut être déterminée avec précision. La perturbation est si faible qu'elle peut être ignorée dans le monde macroscopique, mais elle est substantielle dans le monde microscopique. Le principe d'incertitude s'applique également à l'énergie et au temps. L'énergie cinétique d'une particule ne peut, elle non plus, être mesurée avec une précision infinie. Heisenberg reçut le prix Nobel en 1932 pour sa découverte.

Pendant la Seconde Guerre mondiale, Heisenberg participa à reculons au programme allemand de bombe atomique. En 1944, l'OSS américain (l'ancêtre de la CIA) envoya un agent suivre un cours d'Heisenberg à Zurich, en Suisse, pays neutre. Il avait pour instruction de le tuer sur le champ si son cours laissait entendre que le projet allemand avançait. Heureusement pour la science, Heisenberg n'en fit aucune mention pendant son exposé.

La théorie de l'antimatière de Dirac

Paul Dirac (1902-1984)

Toute particule élémentaire possède son antiparticule – un jumeau dans un miroir, avec la même masse mais une charge opposée.

L'idée d'antiparticule s'applique aussi maintenant aux atomes – les anti-atomes forment l'antimatière.

Si vous êtes un fan de *Star Trek*, vous savez probablement que le vaisseau *Enterprise* est alimenté par de l'antimatière. Eh bien, sachez que l'antimatière n'est pas l'apanage de la science-fiction, elle existe réellement. En 1898, le physicien britannique Arthur Schuster (1851-1934) émit l'idée fascinante qu'un type exotique de matière puisse exister, reprenant en miroir les propriétés de la matière ordinaire : « S'il existe de l'électricité négative, pourquoi pas de l'or en négatif, doré comme le nôtre ? » Il ajoutait que cette spéculation n'était qu'un « rêve ». En 1928, Dirac, un théoricien de talent, apporta des fondements mathématiques au rêve de Schuster. Dirac prédit que l'électron, qui est chargé négativement, devait avoir un homologue chargé positivement : « Ce serait une particule d'un nouveau type, ayant la même masse que l'électron mais une charge opposée. Nous pourrions appeler une telle particule un anti-électron. » Les calculs de Dirac s'appliquent aussi à d'autres particules élémentaires.

La découverte des anti-électrons (aujourd'hui appelés positrons, comme *positively charged electron*) dans les rayons cosmiques par le physicien américain Carl Anderson (1905-1991) confirma la téméraire prédiction de Dirac. Vingt-trois ans plus tard, des scientifiques de l'université de Californie à Berkeley créèrent un antiproton dans un accélérateur de particules. Lorsque matière ordinaire et antimatière se rencontrent, elles s'annihilent et disparaissent dans une violente explosion au cours de laquelle de la masse se change en énergie selon l'équation d'Einstein $E = mc^2$ (p. 132). L'énergie libérée dans une annihilation matière-antimatière est gigantesque : dans une collision protonantiproton, l'énergie par particule est près de 200 fois celle d'une bombe H.

Si matière et antimatière s'annihilent, il n'y a aucune chance de trouver de l'antimatière sur Terre, ni même dans le système solaire. Les vents solaires – cette brise de particules chargées que le Soleil émet dans toutes les directions – annihileraient l'antimatière. Cependant, les scientifiques imaginent que de l'antimatière pourrait exister dans d'autres parties de l'univers mais n'en ont pour l'instant aucune preuve. Ceci ne les a pas empêchés de créer de l'antimatière en laboratoire. C'est exactement ce qu'a fait une équipe du CERN, le laboratoire européen de physique nucléaire, près de Genève, en 1995. Pendant environ 15 heures, ils ont envoyé un jet d'atomes de xénon dans un faisceau d'antiprotons. Les collisions entre les antiprotons et les noyaux de xénon ont produit des électrons et des positrons. Ces positrons se sont combinés à d'autres antiprotons du faisceau pour former de l'antihydrogène, l'anti-atome le plus simple.

Si vous trouvez tout ceci un peu trop tiré par les cheveux, que dites-vous de l'idées d'anti-univers – un univers parallèle au nôtre ? Entrez, et vous y trouverez votre homologue en antimatière : un anti-vous. Ne lui serrez pas la main, vous vous annihileriez.

LE NOMBRE DE MACH

Ernst Mach (1838-1916)

Le rapport entre la vitesse d'un objet dans l'air et celle du son est appelé nombre de Mach.

Si le nombre de Mach vaut 1, la vitesse est sonique. En dessous, elle est subsonique ; au-dessus elle est supersonique.

En 1929, l'ingénieur suisse Jakob Ackeret (1898-1981), donna à ce nombre le nom du célèbre physicien autrichien Mach, connu pour ses travaux en aérodynamique ainsi que pour ces travaux en philosophie des sciences qui influencèrent beaucoup Einstein.

La vitesse du son dans l'air est d'environ 1 200 km/h. Plus le milieu à travers lequel le son se propage est dense, plus il va vite. Ainsi la vitesse du son varie suivant l'altitude, puisque l'air est moins dense en altitude. Lorsqu'un aéronef dépasse les 1 200 km/h, il génère une onde de choc et passe ce qu'on appelle le mur du son. À Mach 2, l'aéronef volera à près de 2 400 km/h, soit deux fois la vitesse du son.

Le capitaine Chuck Yeager, un pilote d'essai de légende, fut la première personne à franchir le mur du son, le 14 octobre 1947. Son vol avait lieu à bord d'une fusée Bell X-1, dans le cadre d'un programme de recherche fédéral américain. Le célèbre livre *The Right Stuff* (1979) de Tom Wolfe et le film (1983) du même nom dépeignent avec force ce premier vol supersonique.

1929
ALLEMAGNE

LES EXPÉRIENCES DE BERGER

Hans Berger (1873-1941)

Le cerveau génère des impulsions électriques, ou ondes, que l'on peut enregistrer.

Jusqu'à l'époque de Berger, le fonctionnement interne du cerveau demeurait un mystère complet. Les expériences de Berger sur les signaux cérébraux ouvrirent la voie aux recherches neurocognitives actuelles.

Dans les années 1890, quand Berger commença à travailler comme neuropsychologue, il n'existait qu'une manière d'explorer le cerveau – en le disséquant. Mais Berger raisonna différemment : si le cœur produit des signaux électriques (que l'on peut enregistrer sous la forme d'un électrocardiogramme), alors le cerveau aussi doit émettre des signaux électriques. Berger avait imaginé une théorie, mais il lui fallut trente ans avant de trouver comment la mettre en pratique.

Sa persévérance fut récompensée lorsque, le 6 juillet 1924, il enregistra les signaux électriques du cerveau d'un patient au moyen de deux électrodes placées sur son crâne. Il appela l'enregistrement un électroencéphalogramme (EEG). En l'espace de quelques années, des scientifiques de nombreux autres pays reproduisirent les expériences de Berger avec des équipements plus sophistiqués ; ils enregistrèrent différents types de signaux, appelés ondes delta, thêta, alpha et bêta. En dépit de son succès international, Berger demeura totalement ignoré en Allemagne. « Le père de l'EEG » mourut seul, rejeté de tous ; mais son EEG vit toujours : c'est un des principaux outils de diagnostic médical.

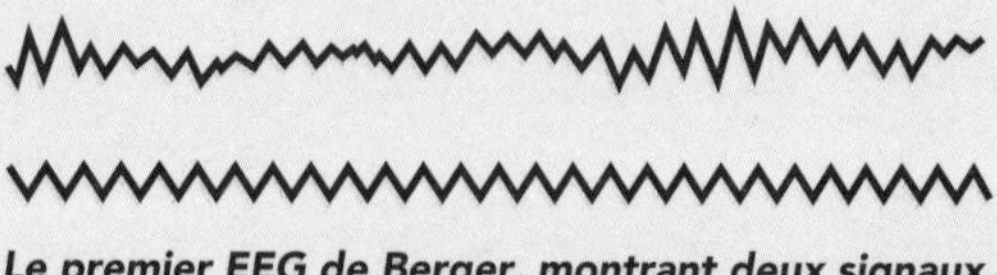

Le premier EEG de Berger, montrant deux signaux.

1929
USA

La loi de Hubble

Edwin Hubble (1889-1953)

Les galaxies s'éloignent de la nôtre et les unes des autres à une vitesse sans cesse croissante. Plus une galaxie est lointaine, plus elle s'éloigne de nous rapidement.

Ceci signifie que l'univers est en expansion comme un ballon de baudruche.

La loi de Hubble montre que le rapport entre la vitesse des galaxies et leur distance est une constante. Cette constante est appelée **constante de Hubble** et correspond au taux actuel d'expansion de l'univers – 22 km par seconde par million d'années-lumière.

Au début des années 1920, Hubble commença à travailler à l'observatoire du Mont Wilson en Californie où il demeura jusqu'à la fin de sa vie. Il y utilisait un télescope de 2,5 m de diamètre, le plus grand de l'époque, avec lequel il découvrit des galaxies au-delà de la nôtre, et les classa en trois groupes : elliptiques, spirales et irrégulières. Nous en savons maintenant beaucoup plus sur les galaxies : il y en a au moins 125 milliards dans l'univers présentement observable et chacune contient des milliards d'étoiles. Leur diamètre va de quelques milliers à cent mille années-lumière. Mais nous ne pouvons voir que les galaxies comprises dans un certain rayon, appelé **rayon de Hubble**, les galaxies plus lointaines devant se déplacer à la vitesse de la lumière. Le rayon de Hubble est estimé à environ 12 milliards d'années-lumière.

Voir : La théorie du Big Bang, **p. 171 ;** Le paradoxe d'Olbers, **p. 70**

1931
AUTRICHE

LE POSTULAT DU NEUTRINO

Wolfgang Pauli (1900-1958)

La radioactivité bêta d'un noyau atomique, au cours de laquelle un neutron se change en proton et émet un électron semble violer la loi de conservation de l'énergie (p. 88). Pour rendre compte de cette « énergie manquante », Pauli postula l'existence d'une particule de masse et de charge nulles libérée par ce type de réaction.

Quelques années plus tard, Enrico Fermi (p. 201) baptisait neutrino cette nouvelle particule, ce qui signifie en italien « le petit neutre ».

Les neutrinos ne sont plus aujourd'hui des particules hypothétiques : leur existence fut confirmée en 1956 et l'on pense aujourd'hui qu'ils ont également une masse, bien que très faible. Ce sont les particules élémentaires les plus répandues : il y a près de 50 milliards de neutrinos pour chaque électron, et ils sont partout, bien qu'ils soient invisibles et n'interagissent que très rarement avec la matière. Des dizaines de milliers de neutrinos traversent votre corps chaque seconde. Pour autant que nous sachions, ils sont de trois types – muon, tau et électron – et sont tous créés au centre du soleil, dans les supernovas ou lors du contact entre les rayons cosmiques et la haute atmosphère.

Le comportement fantomatique des neutrinos a inspiré à l'écrivain américain John Updike (connu pour sa tétralogie autour d'un personnage surnommé Rabbit) un poème intitulé « Cosmic Gall », dont voici un extrait :

La nuit, ils entrent par le Népal
Et transpercent l'amant et sa dulcinée
Par dessous le lit – Merveilleux
Dites-vous ; moi, je les trouve grossiers.

La théorie des liaisons chimiques

Linus Pauling (1901-1994)

Il s'agit d'un cadre permettant de comprendre les structures géométriques et électroniques des molécules et des cristaux. Un des aspects importants est l'hybridation : pour créer des liaisons plus fortes, les atomes déforment leurs orbitales (l'espace autour du noyau dans lequel la probabilité de trouver un électron est la plus élevée) en pétales, ce qui permet un meilleur chevauchement de celles-ci.

Une liaison chimique retient liés les uns aux autres les atomes d'une molécule ou d'un cristal. Pauling fut le premier à utiliser la mécanique quantique pour expliquer ces liaisons et sa théorie fit date dans l'histoire de la chimie moderne.

Pauling reçut le prix Nobel de chimie en 1954, pour ses travaux sur les liaisons chimiques. Après la Seconde Guerre mondiale, Pauling consacra beaucoup d'énergie à éveiller la conscience des sociétés à leurs nouvelles responsabilités dans l'ère nucléaire. En 1962, il reçut le prix Nobel de la paix – il est la seule personne à avoir reçu deux prix Nobel exclusifs (non partagés entre différents lauréats). Pauling se fit aussi le héraut d'une autre cause : la théorie selon laquelle la consommation de vitamine C permettrait de prévenir le rhume et la grippe, théorie qui n'a cependant jamais pu être étayée scientifiquement.

Pauling déclara un jour : « La meilleure manière d'avoir de bonnes idées, c'est d'avoir beaucoup d'idées. » La plupart des étudiants en chimie connaissent une autre bonne idée de Pauling : l'**échelle d'électronégativité**, qui permet de classer les éléments par ordre d'électronégativité (de 0,7 pour le césium et le francium à 4,0 pour le fluorure).

LE MONOPÔLE DE DIRAC

Paul Dirac (1902-1984)

Le monopôle de Dirac est une particule hypothétique portant une charge magnétique – autrement dit un pôle magnétique nord ou sud isolé se comportant comme une particule libre.

Un monopôle magnétique est l'analogue d'une charge électrique.

Depuis que Dirac (un grand physicien, dont Wolfgang Pauli, p. 146, disait : « Dieu n'existe pas, et Dirac est son prophète ») a prédit son existence, le monopôle magnétique n'a cessé d'intriguer les physiciens. Un aimant brisé en deux ne forme pas deux monopôles magnétiques, un qui serait exclusivement un pôle nord et l'autre exclusivement un pôle sud ; il forme deux dipôles magnétiques similaires. Et, même en répétant ce processus jusqu'à la particule la plus petite, celle-ci aura deux pôles – nord et sud.

Après avoir formulé sa théorie de l'antimatière (p. 149), Dirac essaya d'unifier les phénomènes électrique et magnétique en prédisant l'existence de monopôles magnétiques. Selon lui, même un seul monopôle existant quelque part dans l'univers suffirait à expliquer pourquoi la charge électrique est toujours un multiple de la charge de l'électron. Personne n'a encore jamais observé de monopôle. « Si vous visez un prix Nobel par la manière forte, vous savez quoi chercher », conseillait feu Brian L. Silver aux scientifiques en herbe dans son livre *The Ascent of Science* (1998).

Le théorème d'incomplétude de Gödel

Kurt Gödel (1906-1978)

Toute théorie consistante contient des propositions indécidables, c'est-à-dire des propositions qui ne peuvent être prouvées ni infirmées à l'intérieur de la théorie, en n'utilisant que les règles et axiomes de celle-ci.

Ce théorème démontre « l'incomplétude des mathématiques », car il implique que tout système logique, quelle que soit sa complexité, est incomplet.

Gödel publia son théorème – l'une des réussites les plus extraordinaires des mathématiques du XXe siècle – en 1931, un an après avoir obtenu son doctorat à l'université de Vienne. Lorsque les Nazis annexèrent l'Autriche en 1938, il émigra aux États-Unis où il occupa une chaire à l'Institut d'Études Avancées de Princeton, de 1953 jusqu'à sa mort. Einstein, également à Princeton à cette époque, fut l'ami le plus proche de Gödel.

Durant la seconde partie de sa vie, le comportement de Gödel devint de plus en plus excentrique. Il se tint en retrait de tout contact humain au point de ne plus communiquer qu'à travers une fissure dans la porte de son bureau. Il se fit remarquer en portant des lunettes de ski partout où il allait. Vers la fin de sa vie, de crainte d'être empoisonné, il arrêta tout bonnement de s'alimenter. Il mourut assis sur une chaise, dans un hôpital de Princeton.

Il dit un jour : « Soit les mathématiques sont trop vastes pour l'esprit humain, soit l'esprit humain est plus qu'une machine. » Certaines personnes pensent pouvoir démontrer, à partir du théorème de Gödel, qu'il est impossible de créer une machine aussi intelligente que l'être humain.

1931
USA

La limite de Chandrasekhar

Subrahmanyan Chandrasekhar
(1910-1995)

La plus grande masse possible pour une naine blanche est 1,44 fois celle du soleil.

La limite de Chandrasekhar est une constante physique. Toute étoile de masse plus grande deviendra une étoile à neutron ou un trou noir, à cause de la gravitation.

Le soleil a vécu 4 600 millions d'années en tant qu'étoile stable, et il lui reste plusieurs milliards d'années à vivre. Une fois épuisé son combustible nucléaire, il se contractera en « naine blanche » – pas plus grande que la Terre, mais si dense qu'une cuillère à café de cet astre pèserait des milliers de kilogrammes. Une naine blanche est si chaude que son éclat est blanc. Aucune naine blanche ayant une masse supérieure à 1,44 fois celle du soleil ne peut se former : cette limite fut prédite par Chandrasekhar, un astrophysicien d'origine indienne qui reçut le prix Nobel de physique en 1983 pour ses travaux sur la structure et l'évolution des étoiles.

Une étoile plus massive n'évolue pas vers une naine blanche : elle explose en supernova, éjectant une énorme quantité de matière et couvrant même l'éclat de la galaxie entière durant quelques jours. La matière restante forme une étoile à neutrons, de quelques kilomètres de diamètres, contenant des neutrons pressés les uns contre les autres. Ces étoiles à neutrons ne brillent pas et sont si denses que même une tête d'épingle de leur matière aurait une masse d'un million de tonnes.

Parfois, la masse d'une étoile mourante s'effondrant sur elle-même, comme dans le cas d'une étoile à neutrons, se concentre en un point de densité infinie. En ce point, appelé singularité, la masse n'a plus de volume et le temps et l'espace cessent d'exister. La singularité est entourée d'une surface imaginaire appelée horizon des événements, une sorte de frontière sphérique à sens unique. Rien – pas même la lumière – ne peut s'échapper de cet horizon. La matière qui franchit cet horizon est « avalée » et disparaît à jamais. C'est pour cela que les scientifiques appellent ces régions de l'espace-temps des trous noirs. Si un astronaute franchissait l'horizon des événements d'un trou noir, les forces gravitationnelles étireraient son corps comme un très long spaghetti, et lorsque ce spaghetti plus que mort atteindrait la singularité, les restes de l'astronaute seraient atomisés.

Le rayon d'un trou noir est le rayon de l'horizon des événements qui l'entoure. C'est ce que l'on appelle le **rayon de Schwarzschild**, d'après l'astronome allemand Karl Schwarzschild (1873-1916) qui prédit en 1916 l'existence des trous noirs. Le rayon de Schwarzschild (en kilomètres) est environ égal à trois fois la masse du trou noir (en masses solaires). Un trou noir ayant la masse du soleil aurait un rayon de trois kilomètres ; un trou noir ayant la masse de la Terre aurait un rayon de seulement 4,5 mm et un trou noir de la masse d'un astéroïde ferait à peu près la taille d'un noyau atomique. Les effets étranges d'un trou noir s'observent à l'intérieur d'une distance de dix rayons de Schwarzschild du centre. Au-delà de cette distance plutôt limitée, le seul effet perceptible est celui du champ gravitationnel normal d'un trou noir. Ainsi, contrairement à l'idée très répandue, un trou noir n'est pas semblable à un aspirateur qui aspirerait tout ce qui se trouve autour de lui.

Voir : La théorie de Hawking, **p. 188**

1934
ANGLETERRE

LES ISOTOPES DE L'HYDROGÈNE

Marcus Oliphant (1901-2000)

L'hydrogène a trois isotopes : l'hydrogène-1 (hydrogène ordinaire : un proton), l'hydrogène-2 (deutérium : un proton, un neutron) et l'hydrogène-3 (tritium : un proton, deux neutrons).

Oliphant fut le premier à créer du tritium. Cette découverte fut cruciale pour le développement de la bombe atomique.

Dans les années 1930, Oliphant, un physicien nucléaire d'origine australienne, travaillait avec Ernest Rutherford (p. 136) sur la fission de l'atome au Cavendish Laboratory de Cambridge. Une forme lourde de l'hydrogène, le deutérium, avait déjà été découverte. Oliphant bombarda des noyaux de deutérium avec d'autres noyaux de deutérium et parvint à créer un nouvel isotope. En 1943 il émigra aux États-Unis, où il perfectionna la technique de purification de l'uranium-235, mise en œuvre pour la fabrication de la première bombe atomique.

En 1950, Oliphant regagna l'Australie, où il assuma le rôle de gouverneur de l'Australie du Sud de 1971 à 1976. Il mourut à l'âge de 98 ans. Parmi les nécrologies publiées dans le monde entier, celle parue dans *Current Science* (10 octobre 2000) commençait ainsi : « Le célèbre comique radio Fred Allen demanda un jour à un acteur jouant un physicien pourquoi quelqu'un passerait son temps à propulser des atomes les uns contre les autres. La réponse, donnée avec un fort accent allemand, ne se fit pas attendre : « Un chour peut-être quelqu'un foudra un temi-atome » et fit rire tout le monde. » Oliphant, peu formel et doté d'un rire éclatant, aurait adoré cette blague.

1935
USA

L'Échelle de Richter

Charles Richter (1900-1985)

Il s'agit d'une échelle allant de 0 à 9 permettant de mesurer la magnitude des tremblements de terre.

Les séismes de magnitudes 3,5 ou moins ne sont habituellement pas ressentis. Les séismes de magnitude comprise entre 5,5 et 6,0 causent des dommages matériels. Les séismes les plus graves ont des magnitudes supérieures à 7,0.

Une idée fausse très répandue veut que l'échelle de Richter soit un vrai instrument, comme un thermomètre. Les sismologues se plaignent de ce que les journalistes leur demandent des photographies de l'échelle de Richter. C'est un peu comme de demander une photographie d'un kilomètre répondent-ils. Ironie du sort, Richter, un sismologue américain, conçut son échelle parce qu'il en avait marre des journalistes qui, dans une Californie frappée par de nombreux séismes, lui demandaient sans cesse la force relative des tremblements de terre.

Un tremblement de terre génère une série d'ondes de choc, appelées ondes sismiques. L'échelle de Richter est simplement une échelle numérique mesurant la magnitude d'un séisme en calculant l'énergie des ondes de choc à une distance conventionnelle. C'est une échelle logarithmique en base 10, dont chaque degré représente une multiplication par dix de l'intensité : un séisme de magnitude 7,0 est 10 fois plus fort qu'un séisme de magnitude 6,0 et 100 fois plus fort qu'un séisme de magnitude 5.0. En termes d'énergie, les unités de magnitude augmentent encore plus vite : un degré représente une multiplication par environ 33 de l'énergie. Un séisme de magnitude 7,0, par exemple, libère 1 000 fois plus d'énergie qu'un séisme de magnitude 5,0.

1936
RUSSIE

LA THÉORIE DE L'ORIGINE DE LA VIE D'OPARIN

Alexandre Oparin (1894-1980)

Dans l'atmosphère primitive de la Terre, des composés simples se sont combinés pour former des composés organiques complexes, créant la première cellule vivante.

De récentes avancées en biologie moléculaire bousculent cette théorie.

Oparin suggéra qu'au début de l'histoire terrestre, l'atmosphère était riche en hydrogène. Des composés simples comme l'eau, le méthane et l'ammoniac ont alors pu former des composés organiques. Ces composés sont passés progressivement de l'atmosphère au sol, où la pluie – issue du refroidissement de la Terre et de la condensation de la vapeur d'eau – les a entraînés d'abord dans des lacs puis dans des océans. Au fil des millions d'années, les molécules organiques contenues dans cette « soupe primitive » se sont regroupées en longues chaînes de protéines et en molécules d'ADN, jusqu'à l'apparition d'une cellule présentant les réactions et les composés indispensables pour pouvoir être considérée comme un organisme : cette première cellule pouvait se répliquer et remplissait donc les conditions nécessaires pour être le premier organisme vivant.

En 1953, Stanley Miller, alors étudiant à l'université de Chicago, apporta les premiers éléments expérimentaux en faveur de la théorie d'Oparin. Il soumit un mélange de méthane, d'ammoniac, de vapeur d'eau et d'hydrogène à une série de décharges électriques. Son expérience partait du principe que ces conditions ressemblaient grossièrement à celles des débuts de la Terre, lorsque la soupe primitive était frappée par de nombreux éclairs. Au bout d'une semaine, les molécules inorganiques s'étaient assemblées en acides aminés, les briques fondamentales de la vie.

LA MACHINE DE TURING

Alan Turing (1912-1954)

Il s'agit d'un ordinateur théorique avec au moins deux états possibles, dont le signal de sortie est sensible aux signaux d'entrée.

La machine de Turing constitua une étape majeure dans le développement des ordinateurs numériques.

Une machine de Turing contient un ruban d'une longueur infinie, divisé en cases comportant chacune soit le symbole 0 soit le symbole 1. Une tête de lecture/écriture peut lire et écrire des symboles dans une case et se déplacer par étapes vers la gauche et vers la droite du ruban. Turing conçut cette machine abstraite afin de donner une définition mathématique précise d'un « algorithme ». Sa machine répond aux ordres déterminés par l'algorithme.

Au cours de la Seconde Guerre mondiale, Turing élabora un dispositif mécanique qui fut utilisé pour déchiffrer Enigma, le code secret des Allemands. En 1950, il envisagea de programmer des ordinateurs afin de leur conférer une intelligence humaine et conçut un test permettant de mesurer l'intelligence d'un ordinateur : selon Turing, si la différence entre les réponses d'un ordinateur et celles d'un humain était imperceptible, l'ordinateur pouvait être considéré comme intelligent. Le **test de Turing** est utilisé de nos jours pour savoir si un ordinateur parvient à imiter l'intelligence humaine : un ordinateur et une personne sont interrogés grâce à des messages textuels. Si l'interrogateur ne peut distinguer par leurs réponses la personne de l'ordinateur, l'ordinateur est considéré comme intelligent.

1937, 44 ET 49
USA

La théorie des jeux

John von Neumann (1903-1957)
Oskar Morgenstern (1902-1977)
John Nash (né en 1928)

Une méthode mathématique d'analyse du comportement stratégique : comment une personne se comporte-t-elle lorsqu'elle est confrontée à une situation de compétition ?

Cette théorie s'applique entre autres à l'économie, l'informatique, la psychologie, la sociologie, la politique, au domaine militaire, à l'évolution, aux marchés financiers...

Selon cette théorie, tous les jeux partagent trois caractéristiques : règles, stratégies et résultats. On distingue les jeux à somme nulle (chaque joueur gagne au détriment des autres), les jeux à somme non nulle, les jeux coopératifs (les joueurs peuvent négocier) et les jeux à information complète. L'équilibre d'un jeu s'appelle l'**équilibre de Nash**, une solution qui optimise les bénéfices de tous les joueurs.

La théorie des jeux naquit lorsque von Neumann réalisa que le poker n'était pas uniquement soumis à la théorie des probabilités (p. 32) et que le bluff, une stratégie qui consiste à cacher des informations aux autres joueurs, jouait également un rôle essentiel. Von Neumann et Morgenstern complétèrent cette théorie en 1944, suivis de Nash en 1949. Nash publia son article fondateur, « Les jeux non coopératifs », alors qu'il était doctorant à l'université de Princeton. Quelques années plus tard, sa schizophrénie paranoïaque fut découverte. Au début des années 1990, il surmonta sa maladie et reprit son travail ; il reçut le prix Nobel d'économie en 1994. Le livre de Sylvia Nasser, *Un homme d'exception* (1998), et le film homonyme (2001), retracent la vie exceptionnelle de Nash. Von Neumann est décédé avant la création du prix Nobel d'économie.

La fission nucléaire

Otto Hahn (Allemagne 1879-1968)
Lise Meitner (Autriche 1878-1968)
Fritz Strassmann (Allemagne 1902-1980)

La fission nucléaire consiste à diviser le noyau d'un atome lourd en plusieurs atomes plus légers afin de libérer de l'énergie.

La fission nucléaire se produit au cours de réactions nucléaires, par exemple lors de l'explosion d'une bombe atomique.

En 1938, Hahn, en collaboration avec Strassmann, fit une découverte incroyable qu'il ne sut expliquer : bombarder des noyaux d'uranium avec des neutrons lents générait du baryum. « Peut-être parviendrez-vous à quelque explication fantastique », écrivit-il à Meitner, sa collègue de longue date (ils avaient dès 1917 découvert ensemble un nouvel élément, le protactinium ; mais en 1938, Meitner était en exil en Suède). En quelques jours, Meitner démontra qu'après absorption d'un neutron, le noyau d'uranium se divise en fragments de taille relativement égale, le baryum et le krypton. Elle avait également calculé que le processus libérerait une importante quantité d'énergie. Son neveu, Otto Frisch (1904-1979), lui aussi physicien renommé, nomma cet effet « fission nucléaire » en raison de sa ressemblance avec la « fission » biologique (la division des cellules).

Hahn publia la première démonstration chimique de la fission nucléaire sans mentionner Meitner en tant que coauteur. En 1944, il reçut le prix Nobel de chimie pour sa découverte, sans que Meitner y soit associée. Elle reçut toutefois le prix Enrico Fermi en 1966 pour son travail sur la physique nucléaire. En 1997, l'élément 109 fut nommé « meitnerium » (Mt) en son honneur.

1938
USA

LA PRODUCTION D'ÉNERGIE DANS LES ÉTOILES

Hans Bethe (1906-2005)

L'énergie des étoiles est produite par la fusion de l'hydrogène.

Au cours de la fusion nucléaire, les noyaux des atomes légers fusionnent à très haute température pour libérer d'incroyables quantités d'énergie, émise à la surface de l'étoile sous forme de chaleur et de lumière.

Sans doute avez-vous perdu cette fascination qu'ont les enfants pour les étoiles... mais ce n'est pas le cas de la plupart des astrophysiciens. L'un d'eux formula la première théorie détaillée de la formation d'énergie dans les étoiles.

Une étoile ordinaire est l'une des entités les plus simples qui existe : il s'agit d'une sphère de gaz composée à 73 % d'hydrogène, à 25 % d'hélium et à 2 % d'autres éléments. La température en son centre est extrêmement élevée – suffisamment pour fusionner quatre noyaux d'hydrogène et former un noyau d'hermium. Ce processus, qui génère d'énormes quantités d'énergie, est parfois désigné sous le nom de « cycle carbone-azote-oxygène » (CNO). Ces éléments jouent le rôle de catalyseurs et ne sont pas consommés par la réaction.

La théorie de Bethe conduisit d'autres scientifiques à développer des bombes à hydrogène, bien plus destructrices que les bombes atomiques. Bethe, né en Allemagne avant d'émigrer aux États-Unis en 1937, reçut le prix Nobel de physique en 1967 pour sa théorie.

Voir : La limite de Chandrasekhar, **p. 158**

Les éléments transuraniens

Edwin McMillan (1907-1991)
Glenn Seaborg (1912-1999)

Dans la classification périodique, les éléments transuraniens, plus lourds que l'uranium, sont fabriqués artificiellement. L'uranium (U, nombre atomique 92) est l'élément connu le plus lourd existant naturellement, en quantités détectables, sur Terre.

Plus de 20 éléments transuraniens ont été fabriqués depuis 1940.

Enrico Fermi (p. 201) jeta les bases de la fabrication de nouveaux éléments en 1933, en prouvant que la plupart des éléments pouvaient absorber un neutron dans leur noyau, transformant l'élément en un nouvel atome. Il songea qu'il serait possible de créer de nouveaux atomes en bombardant des noyaux d'uranium avec des neutrons libres. En 1934, il tenta de réaliser cette expérience, mais en vain. En 1940, McMillan, un physicien nucléaire, fabriqua et identifia le premier élément artificiel, le neptunium (Np, 93). La même année, Seaborg, un chimiste, réussit à fabriquer l'élément numéro 94, le plutonium (Pu). Leurs travaux valurent à McMillan et Seaborg le prix Nobel de chimie en 1951.

Parmi les éléments transuraniens, neuf rendent hommage, par leur nom, à des scientifiques : le curium (Cm, 96 : les Curie, p. 126), l'einsteinium (Es, 99 : Albert Einstein, p. 130), le fermium (Fm, 100 : Enrico Fermi, p. 201), le mendelevium (Md, 101 : Dmitri Mendeleïev, p. 106), le nobelium (No, 102 : Alfred Nobel, 1833-1996, chimiste suédois célèbre pour sa donation ayant établi les prix Nobel), le rutherfordium (Rf, 104 : Ernest Rutherford, p. 136), le seaborgium (Sg, 106 : Glenn Seaborg), le bohrium (Bh, 107 : Niels Bohr, p. 139) et le meitnerium (Mt, 109 : Lise Meitner, p. 165).

1940
USA

Les trois lois de la robotique d'Asimov

Isaac Asimov (1920-1992)

1re loi : un robot ne peut porter atteinte à un être humain, ni en restant passif, permettre qu'un être humain soit exposé au danger.
2e loi : un robot doit obéir aux ordres que lui donne un être humain, sauf si de tels ordres entrent en conflit avec la 1re loi.
3e loi : un robot doit protéger sa propre existence tant que cela n'entre pas en conflit avec la 1re ou la 2e loi.

D'après la 56e édition du *Manuel de robotique* de 2058 apr. J.C. (cité dans *Cercle vicieux*, une nouvelle de science-fiction d'Asimov). Les lois d'Isaac Asimov ne sont pas des lois scientifiques. Elles relèvent de la fiction, mais aujourd'hui encore, les chercheurs en intelligence artificielle souhaitent que leurs machines respectent ces lois.

Le terme *robot* fut forgé par le dramaturge tchèque Karel Çapek dans sa pièce de théâtre *RUR* (*Rezon's Universal Robots*) en 1921. Rezon, un Anglais imaginaire, utilise des méthodes biologiques pour produire en série des robots au service des humains. Asimov commença à écrire des récits de science-fiction ayant pour thème des robots alors qu'il n'avait que 20 ans. Ses robots imaginaires sont des machines conçues par des ingénieurs, dans le « cerveau positronique » desquelles trois lois sont implantées. Asimov connut une incroyable carrière d'écrivain scientifique et de science-fiction, publiant près de 500 ouvrages en 52 ans. Ses romans de science-fiction les plus célèbres sont ceux du cycle *Fondation*, qui retracent l'histoire d'un empire galactique.

La datation au carbone 14

Willard Libby (1908-1980)

L'isotope radioactif du carbone, le carbone 14, est présent dans tous les organismes vivants. Lorsque ceux-ci meurent, le carbone 14 commence à se désintégrer. À partir de la vitesse de désintégration, il est possible de calculer l'âge (ou le moment de la mort) d'un organisme.

La datation au carbone 14 peut être utilisée pour estimer l'âge de n'importe quel matériau organique.

Chaque isotope radioactif se désintègre à une vitesse caractérisée par ce que l'on appelle la demi-vie de l'élément. Par exemple, la demi-vie du carbone 14 équivaut à 5 730 ans. Ceci signifie qu'un échantillon de 1 000 atomes de carbone 14 ne contiendra plus que 500 atomes après 5 730 ans (les 500 autres s'étant transformés en azote 14 stable). Après 5 730 autres années, 250 atomes supplémentaires se seront décomposés en carbone 14, et ainsi de suite. Les êtres vivants absorbent du carbone 12 et du carbone 14 jusqu'à leur mort. Le carbone 14 commençant à se désintégrer à la mort d'un organisme, le rapport entre le carbone 12 et le carbone 14 se modifie avec le temps. En mesurant ce rapport, il est possible de déterminer la date à laquelle un organisme est mort.

Les géologues et les anthropologues utilisent désormais cette datation pour mesurer avec précision l'âge de bois, d'os, de fossiles et d'autres objets extrêmement anciens. Cette technique nous a permis de mieux comprendre l'histoire de la Terre et le développement de la vie.

Libby, un chimiste ayant participé au projet de fabrication de la première bombe atomique, reçut en 1960 le prix Nobel de chimie. Il fut un défenseur acharné de l'utilisation pacifique de la technologie nucléaire.

1948
USA

La cybernétique de Wiener

Norbert Wiener (1894-1964)

La cybernétique est l'étude du contrôle et de la communication à la fois chez les machines et chez les animaux.

Le terme de cybernétique vient du grec *kubernetike*, désignant le poste de contrôle du gouvernail. Il renvoie aujourd'hui à la théorie des systèmes de contrôle informatisés au sein de processus automatiques, en mettant l'accent sur la comparaison avec le système nerveux humain.

Wiener, un brillant mathématicien, publia ses idées dans un livre intitulé *Cybernetics : Control and Communication in the Animal and the Machine* (1948). Il y expliquait que « la cybernétique essaie de dégager les éléments communs aux fonctionnements des systèmes automatiques et du système nerveux humain ». Ce savoir, pensait-il, permettrait d'améliorer l'efficacité des machines. Son livre introduisait également des termes comme « entrée », « sortie » et « rétroaction (*feedback)* ». Le *feedback* – le fait de contrôler les performances d'un système en utilisant ses signaux de sortie pour modifier son entrée sans intervention humaine – est un concept très important en cybernétique. Par exemple, le thermostat dans un système de chauffage au gaz mesure la température (le signal de sortie) et la retourne au système pour modifier l'arrivée de gaz (l'entrée) en conséquence.

Au MIT (*Massachusetts Institute of Technology*), où il passa l'essentiel de sa carrière, Wiener était plus connu pour ses excentricités et son étourderie que pour ses extraordinaires théories. Il demanda un jour à une petite fille si elle pouvait lui indiquer Brattle Street. La petite fille rigola et lui répondit : « Mais bien sûr, papa, je vais rentrer avec toi. »

La théorie du Big Bang

Georges Gamow (1904-1968)

Théorie selon laquelle l'univers était à l'origine un point matériel infiniment dense et infiniment chaud qui explosa spontanément. Les débris de cette explosion commencèrent alors à s'éloigner du point de départ, ce qu'ils continuent et continueront de faire à jamais. Toutes les galaxies, les étoiles et les planètes se sont formées à partir de ces débris.

Le temps commence avec le Big Bang, qui s'est produit il y a environ 12 milliards d'années.

En 1927, l'astronome belge Monseigneur Georges Lemaître (1894-1966) suggérait que, à un certain moment du passé, toute la matière avait été concentrée en un point. L'univers avait commencé avec l'explosion de cet « atome primordial ». Cette idée fut développée par Gamow, qui montra que, puisque l'univers avait son origine dans une boule de feu géante, la chaleur résiduelle de cette boule de feu primordiale continuait d'emplir l'univers. Ce rayonnement résiduel devrait maintenant avoir une température de 3 Kelvin, soit – 270 °C. Ce rayonnement fut observé en 1965 et, comme prédit par Gamow, il a bien une température de – 270 °C.

L'univers poursuivra-t-il son expansion pour toujours ? Les avis divergent : soit l'expansion se poursuivra à jamais soit l'univers se rétractera jusqu'à l'« atome primordial ». C'est ce que l'on appelle le *Big Crunch*. Le terme Big Bang fut forgé par Fred Hoyle, qui croyait au modèle opposé d'un univers stationnaire. Le terme était censé être péjoratif lorsqu'il l'utilisa de manière méprisante, pour la première fois, au cours d'une émission de radio en 1950.

1948
ANGLETERRE

La théorie de l'état stationnaire

Herman Bondi (Royaume-Uni, né en 1919)
Thomas Gold (USA, 1920-2004)
Fred Hoyle (Royaume-Uni, 1915-2001)

L'univers n'a pas de commencement et n'aura pas de fin. Il produit constamment de la matière et est constamment en expansion.

Cette théorie est aujourd'hui largement déconsidérée en faveur de celle du Big Bang.

La théorie de l'état stationnaire comporte l'idée d'une création spontanée et continue de matière. En revanche, la théorie du Big Bang (p. 171) suppose que toute la matière qui existe aujourd'hui existait également dans le passé : il n'y a pas de création de matière nouvelle. Cependant, les théories du Big Bang et de l'état stationnaire s'accordent sur un point : l'univers est en expansion.

Selon la théorie du Big Bang, l'univers a eu un début et pourrait un jour avoir une fin. « L'antique question des origines et du destin de l'univers ne se pose absolument pas dans la théorie de l'état stationnaire, car l'univers n'a pas eu de commencement et n'aura pas de fin », selon Fred Hoyle. « Chaque amas de galaxies, chaque étoile, chaque atome a eu un début, mais pas l'univers lui-même. »

Les données expérimentales et les observations vont dans le sens de la théorie du Big Bang, et celle-ci est maintenant considérée comme la théorie standard sur l'origine, la structure et le destin de l'univers. Hoyle demeura cependant jusqu'à sa mort un fervent supporteur de la théorie de l'état stationnaire et ne renia jamais sa foi en celle-ci.

Voir : La théorie de Hoyle sur l'origine des éléments, **p. 179**

La loi de Murphy

Edward A. Murphy (*né en* 1917)

Si quoi que ce soit peut aller de travers, ça ira de travers.

La loi de Murphy peut s'exprimer sous la forme de différents axiomes plus ou moins humoristiques, tous revenant à dire que si quelque chose peut aller de travers, ça ira de travers à coup sûr. Sous forme mathématique, cette loi est souvent écrite comme : 1 + 1 ~> 2, le symbole ~> signifiant « font rarement ».

John Paul Stapp et George E. Nichols travaillaient, sur la base aérienne Edwards, en Californie, à un projet aérospatial visant à mesurer la décélération soudaine maximale qu'une personne peut supporter lors d'un crash. Murphy, issu d'un autre laboratoire, apporta des sondes censées mesurer la décélération plus finement. Malheureusement, elles ne mesurèrent rien du tout car elles étaient mal branchées. Très contrarié, Murphy traita le technicien de tous les noms et marmonna quelque chose avoisinant sa loi désormais immortelle : la loi de Murphy était née. 50 ans plus tard, en 1999, Stapp, Nichols et Murphy reçurent le prix Ig-Noble, une parodie de prix Nobel remis chaque année par les *Annals of Improbable Research*, un magazine scientifique à vocation humoristique, pour récompenser les accomplissements scientifiques qui ne « pourraient ni ne devraient être reproduits ».

La loi de Murphy n'est pas une loi scientifique, pas plus que le **principe de Peter** (du nom de Laurence Peter, 1919-1990) : les salariés d'un organisme, quel qu'il soit, avancent jusqu'à leur plus haut niveau de compétence puis sont promus et restent à un niveau auquel ils sont incompétents.

Voir : La théorie de la tartine beurrée, **p. 196**

LE NUAGE DE OORT

Jan Oort (1900-1992)

Le système solaire est entouré par un nuage de milliards de comètes.

L'hypothèse de Oort est maintenant largement acceptée. Ce nuage qui, tel un halo, s'étend bien au-delà de l'orbite de Pluton, est connu sous le nom de nuage de Oort.

Il y a près de 2 à 5 millions de milliards de comètes en orbite autour du système solaire dans le nuage de Oort, qui s'étend de 20 000 à 100 000 unités astronomiques du Soleil (une unité astronomique est égale à la distance entre la Terre et le Soleil, soit environ 150 millions de kilomètres). Les comètes du nuage de Oort ne sont pas serrées comme des sardines en boîte – la distance typique entre deux « voisines » est de plusieurs dizaines de millions de kilomètres. Le nuage de Oort est parfois surnommé la Sibérie des comètes en raison des températures extrêmement basses qui y règnent, parfois jusqu'à – 270 °C. De temps à autre, une comète est déviée vers les orbites des planètes par l'attraction gravitationnelle d'une étoile voisine.

Oort, un astronome de renom, étudia également la structure, la taille, la masse et le mouvement de la Voie Lactée.

En 1951, l'astronome américain Gerard P. Kuiper (1905-1973) suggéra l'existence d'un autre réservoir de comètes aujourd'hui connu sous le nom de **ceinture de Kuiper**. Celle-ci s'étend de 35 à quelques centaines d'unités astronomiques du Soleil, au-delà de l'orbite de Neptune, comme un CD dont le trou central correspondrait à la partie du système solaire contenue à l'intérieur de l'orbite de Neptune.

Voir : La théorie de Whipple des comètes, **p. 175**

La théorie de Whipple sur les comètes

Fred Lawrence Whipple (1906-2004)

Une comète se compose de trois parties : un cœur gelé appelé noyau, un nuage brumeux entourant le noyau et appelé coma ou chevelure et une queue faite de gaz et de glace. Le noyau est une « boule-de-neige sale », un assemblage granuleux de glace et de gaz.

Avant la théorie de Whipple, les astronomes pensaient que les comètes se composaient d'une ou plusieurs roches, voire qu'elles n'étaient qu'un « sac de sable » rassemblant de petites particules. La taille du noyau était largement surestimée, à plusieurs centaines de kilomètres.

Whipple non seulement conçut l'image de la boule-de-neige sale, il eut également l'idée de voir une comète comme un moteur à réaction. À l'instar des gaz chauds éjectés par un moteur à réaction, les gaz qui s'évaporent du noyau exercent une force sur celui-ci, qui donne à la comète sa propre poussée. « La première fois que j'ai compris l'analogie entre une comète et un moteur à réaction, confiait en 1985 un Whipple âgé de 79 ans au magazine *Time*, quelle émotion ça a été ! ».

En 1986, la sonde *Giotto*, de l'Agence spatiale européenne démontra la grande précision de la théorie de Whipple en prenant des photos en gros plan (à une distance de 480 km) du noyau de la comète de Halley : le noyau de la comète ressemblait bel et bien à une boule-de-neige recouverte d'une croûte noire et dont jaillissaient des jets de glace vaporisée.

Voir : Le nuage de Oort, **p. 174**

1953
Angleterre

La structure en double hélice de l'ADN

Francis Crick (Royaume-Uni, 1916-2004)
James Watson (États-Unis, né en 1928)

La molécule génétique d'ADN, capable de se répliquer, a la forme d'une hélice.

Cette structure expliquait comment l'ADN pouvait coder l'information génétique et se répliquer. La découverte du « code de la vie » révolutionna la biologie moléculaire et fit progresser notre compréhension de la vie.

Les brins en hélice de l'ADN (acide désoxyribonucléique) se composent d'une succession de sucres et de phosphates en alternance. Quatre types de base – adénine (A), cytosine (C), guanine (G) et thymine (T) – forment les montants de l'échelle d'ADN, qui ne peuvent être liés par des liaisons hydrogènes que sous quatre combinaisons : A-T, C-G, T-A, G-C. Le code de la vie est fondé sur l'ordre de ces quatre bases, que l'ADN transmet de génération en génération. La séquence des paires de base le long des brins n'est pas la même sur les ADN de différents organismes. C'est cette différence de séquence qui rend un gène différent d'un autre.

Crick et Watson partagèrent le prix Nobel de physiologie et médecine 1962 avec le scientifique anglais Maurice Wilkins (1916-2004) pour leur découverte.

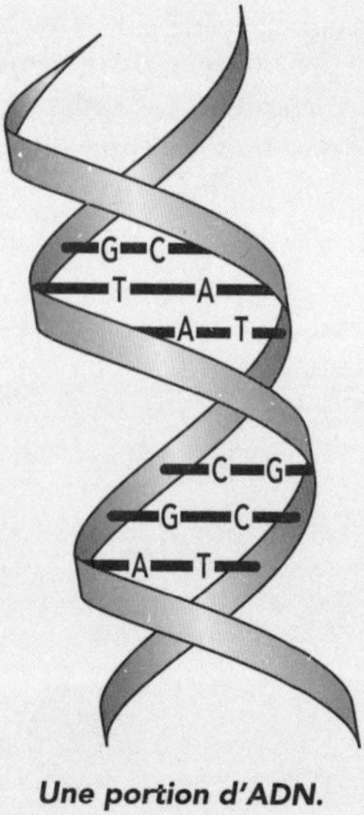

Une portion d'ADN.

La structure des molécules biologiques

Dorothy Crowfoot Hodgkin (1910-1994)

La structure de grandes molécules organiques peut être analysée par rayons X.

Hodgkin découvrit la structure de la vitamine B12 et de l'insuline. Une fois la structure d'une molécule connue, les chimistes peuvent la synthétiser.

La cristallographie par rayons X (*cf.* la loi de Bragg, p. 138) est utilisée pour l'étude de la structure des molécules : on les observe en transparence aux rayons X. En passant à travers les molécules, les rayons X forment un motif complexe qui peut être analysé mathématiquement. La cristallographie par rayon X fonctionne bien pour des molécules simples mais la tâche devient extrêmement complexe lorsqu'il s'agit d'étudier des grandes molécules organiques. Hodgkin fut pionnière dans l'utilisation des ordinateurs en cristallographie. Elle obtint en 1956 une image en trois dimensions de la vitamine B12 (qui compte une centaine d'atomes). Ses travaux lui valurent le prix de Nobel de chimie en 1964. En 1969, elle identifia la structure de l'insuline, un travail de titan qui lui aura pris 34 ans (contre six années pour la vitamine B12).

Née au Caire, où son père travaillait à l'époque, Hodgkin commença son éducation secondaire à onze ans, lorsque ses parents rentrèrent en Angleterre. « Si bien que lorsque je suis allée à l'école pour la première fois, j'étais plutôt en retard, confia-t-elle un jour lors d'une entrevue. J'étais même terriblement en retard en arithmétique. » Mais elle travailla dur et arriva en tête de sa classe à la fin de l'année. Avant d'être également la première à dévoiler les mystères du monde complexe des biomolécules.

1956
USA

Le concept de parité

Tsung-Dao Lee (né en 1926)
Chen Ning Yang (né en 1922)

La parité n'est pas conservée dans l'interaction faible entre particules élémentaires.

Il existe quatre types d'interaction entre particules élémentaires : la gravitation (l'attraction matérielle), l'électromagnétisme (la force entre particules chargées), la force forte (qui donne sa cohésion au noyau atomique) et la force faible (un autre type de force nucléaire).

L'existence d'antimatière (p. 149) conduit à l'idée de symétrie : à savoir, toute particule possède un double en miroir. Une antiparticule ressemblerait en tout point à la particule ordinaire, mais droite et gauche seraient inversées. C'est ce que les physiciens appellent un renversement de parité (parité étant un autre terme pour symétrie chirale, ou symétrie miroir).

La loi de conservation de la parité dit que les lois de la physique sont les mêmes dans les systèmes de coordonnées dextrogyres ou sinistrogyres. Mais la symétrie se brise. Certaines interactions de particules élémentaires produisent toujours une particule ayant une certaine orientation. Par exemple, lorsqu'un atome émet un neutrino, il tourne toujours dans le même sens – vers la gauche. Beaucoup de particules faisant montre d'une préférence pour la gauche, l'univers semble être sinsitrogyre. Mais pourquoi ? Les physiciens ne le savent pas.

En 1956, Lee et Yang attirèrent l'attention de leurs collègues sur le fait que la symétrie droite-gauche semblait peu présente dans les interactions faisant intervenir la force faible. Cette prédiction fut bientôt confirmée expérimentalement par d'autres physiciens. La découverte de cette asymétrie valut à Yang et Lee, d'origine chinoise, le prix Nobel de physique dès l'année suivante.

La théorie de Hoyle sur l'origine des éléments

Fred Hoyle (1915-2001)

La plupart des éléments plus lourds que l'hydrogène présents dans l'univers ont été synthétisés dans les étoiles, par fusion de noyaux plus légers. C'est ce que l'on appelle la « nucléosynthèse stellaire ».

Cette théorie explique comment les étoiles fabriquent les éléments chimiques.

Notre soleil brûle, ou fusionne, de l'hydrogène en hélium, un processus qui occupe la majeure partie de la vie d'une étoile. Une fois épuisées ses réserves d'hydrogène, l'étoile brûle de l'hélium pour former du béryllium, du carbone et de l'oxygène. Lorsque l'étoile a épuisé ses ressources en hélium, elle se contracte et sa température atteint 1 000 millions de degrés. Cette hausse de la température déclenche une nouvelle série de réactions au cours desquelles le carbone, l'oxygène et d'autres éléments fusionnent pour former du fer et du nickel. Lorsque l'étoile a transformé tout son combustible en fer et en nickel, elle explose en supernova. Les éléments plus lourds que le nickel se forment durant ces explosions de supernova.

Cette théorie fut proposée par Hoyle (assisté de W. A. Fowler et du couple Geoffrey et Margaret Brubidge) dans un article monumental publié en 1957. Hoyle, astronome éminent, proposa aussi, avec Thomas Golde et Herman Bondi, la théorie de l'état stationnaire, en 1948 (p. 172). Il fut également à l'origine du terme « Big Bang » (p. 171) pour distinguer, en s'en moquant, cette théorie de la sienne. Il connut aussi le succès en tant qu'auteur de science-fiction (*Black Cloud*, 1957).

1958
USA

Le cycle de Calvin

Melvin Calvin (1911-1997)

Il s'agit du cycle de réactions chimiques par lequel les plantes transforment le dioxyde de carbone et l'eau en sucre au cours de la photosynthèse.

La découverte de ce cycle permit de mieux comprendre la nature de la photosynthèse, et suscita un certain intérêt pour l'idée d'une photosynthèse artificielle permettant de récolter l'énergie solaire (p. 51).

Dans le cycle de Calvin, qui a lieu chez la plupart des plantes, le produit initial de la phase obscure (celle durant laquelle le carbone est transformé en sucre) est un composé contenant trois atomes de carbone. D'où le nom de plante C3.

Un petit groupe de plantes – dont le maïs, les sorghos et la canne à sucre – utilise un autre cycle, connu sous le nom de **cycle de Hatch et Slack**. Dans ce cycle, le composé initial de la phase obscure comprend quatre atomes de carbone par molécules. Ces plantes, dites C4, peuvent assimiler du dioxyde de carbone à des taux environ deux fois (ou plus) plus élevés que les plantes C3 et donc grandissent plus vite. Le cycle de Hatch et Slack fut découvert en 1966 par deux scientifiques australiens, M. D. Hatch et C. R. Slack.

Pour étudier la photosynthèse, Calvin, biochimiste, inséra du dioxyde de carbone composé de carbone 14 radioactif dans des plantes. Son idée d'utiliser le carbone 14 comme traceur est maintenant très répandue en biochimie. Ses travaux révolutionnaires lui valurent le prix Nobel de chimie en 1961.

La structure chimique des anticorps

Gerald Edelman (États-Unis, né en 1929)
Rodney Porter (Royaume-Uni, 1917-1985)

Les molécules anticorps ont la forme d'un Y, avec une tige et deux branches. Chacune des branches se compose d'une chaîne légère et d'une demi-chaîne lourde agencées côte à côte. La tige se compose des secondes moitiés des chaînes lourdes.

Les branches du Y se lient aux antigènes étrangers pour les détruire.

Les anticorps (également appelés immunoglobines) jouent un rôle clé dans la réponse de notre système immunitaire aux infections. Ce sont des protéines spécialisées produites par les globules blancs. Il existe cinq classes d'anticorps : IgA (immunoglobine A), IgD, IgE, IgG et IgM. Mais les différents anticorps présents dans le sang se comptent sans doute par millions, chacun réagissant contre un antigène particulier (des substances étrangères telles que les bactéries, les virus ou les toxines).

En 1959, Edelman et Porter publièrent séparément et indépendamment leurs études fondamentales de la structure moléculaire des anticorps. Leurs travaux se complétaient et Edelman et Porter se partagèrent en 1972 le prix Nobel de physiologie et médecine. Selon le texte de l'Académie de Suède, de nombreux aspects nouveaux et fascinants de la biologie moléculaire et de la génétique ont été développés à partir de leurs recherches. « Nous avons désormais une meilleure prise sur la question du rôle de l'immunité en tant que système de défense contre la maladie, et en tant que source de maladie. Nos possibilités d'utilisation des réactions immunitaires à des fins diagnostiques et thérapeutiques en sont améliorées. »

1961
USA

La théorie d'Horsfall du cancer

Franck Horsfall (1906-1971)

Le cancer trouve son origine dans des modifications de l'ADN des cellules.

Cette théorie offrit une base à la recherche sur le cancer.

Le terme cancer désigne n'importe laquelle d'un groupe d'une centaine de maladies distinctes au cours desquelles certaines cellules du corps prolifèrent de manière incontrôlée. Il résulte de l'endommagement d'une cellule parmi les milliards que compte le corps, la conduisant à se répliquer de manière anormale et à produire ainsi des nombres considérables de cellules pareillement endommagées. Ces cellules se divisent à leur tour pour former une tumeur. Le comportement d'une cellule étant contrôlé par son ADN, le cancer résulte d'un ADN endommagé ou muté, par suite de causes héréditaires ou d'exposition à des cancérigènes. Un cancérigène est un facteur favorisant le cancer : par exemple la radioactivité, les fortes doses de rayons X ou d'ultraviolets et certains produits chimiques.

Horsfall, clinicien et virologue brillant, dirigeait l'Institut Sloane-Kettering pour la Recherche sur le Cancer, à New York, lorsqu'il découvrit que le cancer résultait de modifications survenues dans la machinerie génétique (l'ADN) de la cellule. Il avança que les cancérigènes viraux et chimiques étaient liés. Cette conception unifiée du cancer marqua une étape importante dans l'étude du cancer et conduisit à des avancées rapides de notre connaissance du cancer. L'homme qui donna tant à la recherche sur le cancer mourut lui-même du cancer à l'âge de 65 ans.

L'Équation de Drake

Frank Drake (né en 1930)

Le nombre de civilisations technologiquement avancées dans notre galaxie peut être prédit par une simple équation.

E.T. es-tu là ?

Dans sa forme la plus simple, l'équation fonctionne comme suit. Pour calculer le nombre *N* de civilisations technologiquement avancées dans la Voie Lactée, il faut connaître :

- le nombre d'étoiles qui naissent chaque année dans notre galaxie (*R*) ;
- le nombre de ces étoiles qui possèdent des planètes (*p*) ;
- le nombre de ces planètes qui sont propices à la vie (*e*) ;
- le nombre de ces planètes sur lesquelles la vie apparaît effectivement (*l*) ;
- le nombre de ces planètes sur lesquelles la vie évolue vers une forme intelligente (*i*) ;
- le nombre de ces planètes sur lesquelles la vie intelligente peut communiquer avec d'autres mondes (*c*) ;
- la durée de vie moyenne de telles civilisations avancées (*L*).

Si nous multiplions ces sept facteurs entre eux, nous obtenons l'équation $N = R.p.e.l.i.c.L$.

Si nous connaissons les valeurs de ces facteurs, nous pouvons calculer *N*. Mais les astronomes ne s'accordent pas sur ces valeurs, et les estimations de *N* varient donc de 1 (nous sommes seuls) à plusieurs millions (*E.T.*, s'il te plaît, appelle, nous écoutons). Ces estimations sont pour notre seule galaxie, sachant que l'univers actuellement observable compte au moins 125 milliards de galaxies.

1962
USA

La théorie de la pollution environnementale

Rachel Carson (1907-1964)

« Pour la première fois dans l'histoire, chaque être humain est en contact avec des produits chimiques dangereux, de sa conception à sa mort. »

Tel était le postulat de Carson dans son livre *Silent Spring* (*Le Printemps silencieux*) qui permit d'éveiller les consciences aux problèmes de l'environnement.

Après avoir terminé sa maîtrise de zoologie, Carson travailla comme biologiste pour le *US Fish and Wildlife Service*. Elle publia son premier livre, *Under the Sea-Wind*, en 1941 ; il ne se vendit qu'à quelques exemplaires. Mais le succès phénoménal de son deuxième livre *The Sea Around Us* (1951) lui permit de se consacrer pleinement à l'écriture. Son livre suivant, *The Edge of the Sea* (1955) connut le même succès.

En 1957, une amie lui fit part par écrit de la manière dont l'épandage aérien du DDT (un insecticide contre les moustiques) avait tué des oiseaux dans sa réserve. Carson passa les quatre années suivantes à effectuer des recherches sur les effets néfastes des pesticides sur l'environnement. Dans son chef-d'œuvre, l'éloquent *Silent Spring* (1962), elle présenta sa théorie, étayée par des observations scientifiques, selon laquelle les pesticides toxiques ont des conséquences néfastes sur la nature et des effets néfastes à long terme sur la santé humaine. Le livre suscita des réactions hostiles de la part de l'industrie chimique, qui la traita de « femme hystérique ». En 1963, une commission scientifique du gouvernement américain apporta son soutien à l'essentiel des arguments de Carson. Carson mourut en 1964 d'un cancer du sein, mais le mouvement lancé par *Silent Spring* a pris de l'ampleur.

L'EFFET PAPILLON

Edward Lorenz (né en 1917)

Le comportement d'un système dynamique dépend d'infimes variations de ses conditions initiales.

Dans un système chaotique, comme par exemple la météorologie globale, la moindre variation peut avoir des conséquences considérables.

Lorenz, un spécialiste des sciences atmosphériques, fut l'un des premiers à développer des modèles informatiques de l'atmosphère et à les utiliser pour des prévisions météorologiques. Durant sa carrière au Massachusetts Institute of Technology, il développa un modèle informatique simple pour prévoir les variations météorologiques en un certain nombre de lieux. Dans l'une de ses équations, il utilisa un jour un nombre arrondi ; par exemple, 0,506127 arrondi à 0,506. Il fut surpris de voir que son modèle donnait alors des résultats assez différents. Ceci suggérait que même une infime variation des conditions initiales, tel le battement d'aile d'un papillon, pouvait avoir des conséquences de grande ampleur sur le climat.

L'effet papillon est un des aspects de la **théorie du chaos**, un champ nouveau et excitant de la science, qui s'intéresse aux systèmes désordonnés. Le comportement d'un système chaotique est difficile à prévoir en raison du très grand nombre de variables ou de facteurs inconnus dans le système. La théorie du chaos est aujourd'hui appliquée à des champs aussi divers que l'étude des marchés financiers, l'épidémiologie ou les populations d'animaux sauvages.

1964
USA

Les quarks

Murray Gell-Mann (*né en* 1929)

Neutrons et protons sont constitués de particules appelées quarks, qui, à l'instar des électrons, sont indivisibles.

Jusque récemment, les quarks étaient considérés comme les briques fondamentales de la matière, mais certains physiciens pensent aujourd'hui que les quarks eux-mêmes sont constitués de particules encore plus petites.

Les particules élémentaires sont les unités fondamentales de la matière et de l'énergie. Le **modèle standard de la physique des particules** – une théorie puissante qui est au cœur de notre compréhension de la nature – classe toutes les particules élémentaires en trois groupes : six types de leptons (électron, neutrino-électron, muon, neutrino-muon, tau et neutrino-tau), six types de quarks (haut, bas, charme, étrange, beauté et vérité) et quatre types de bosons. La matière ordinaire est constituée de protons (chacun étant lui-même un triplet de quark haut-haut-bas), de neutrons (un triplet de quarks haut-bas-bas) et d'électrons. Mais tout ceci relève en fait plutôt de développements théoriques postérieurs à la théorie de Gell-Man.

Gell-Mann inventa le terme de « quark » à partir d'une phrase tirée du *Finnegan's Wake* de James Joyce : « Three quarks for Muster Mark ! » (*Three quarts of ale for Mr Mark for a job well done*, Trois demis de brune pour Mr Mark pour son travail bien fait.) Gell-Mann prédit l'existence de trois quarks : haut, bas et étrange. Trois autres furent prédits par d'autres scientifiques. Les quarks ne peuvent exister isolés ; cependant, ils peuvent être créés dans des accélérateurs de particules. Tous les quarks, sauf vérité, ont été observés en 1977. Vérité ne fut observé qu'en 1985.

Voir : La théorie de tout, **p. 199**

La loi de Moore

Gordon Moore (né en 1929)

Le nombre de transistors sur un processeur double tous les 18 mois environ.

Lorsque le nombre de transistors sur un processeur double, ses performances sont elles aussi multipliées par deux. Les processeurs ont en effet plus ou moins suivi cette tendance.

En 1965, Moore, l'un des fondateurs du fabricant de processeurs Intel, observa une croissance exponentielle du nombre de transistors par puce de silicone et énonça sa célèbre prédiction, aujourd'hui généralement connue sous le nom de loi de Moore. Ce motif de croissance exponentielle s'est poursuivi jusqu'à aujourd'hui et a permis aux ordinateurs de devenir à la fois moins chers et plus puissants. Par exemple, en 1971, le premier processeur Intel, le 4004, contenait 2 300 transistors. En 1982, le 286 en contenait 120 000. En 1993, le Pentium portait ce chiffre à 3,1 millions ; et le Pentium 4, en 2000, à 42 millions.

Dans le même temps, la taille des processeurs n'a cessé de diminuer. Le microprocesseur est devenu nanoprocesseur – de la taille d'un cheveu, 100 nanomètres de diamètre. D'ici 2020, ces processeurs pourront regrouper jusqu'à 10 000 millions de transistors. Pendant combien de temps cette croissance exponentielle peut-elle continuer ? Certains physiciens pensent que la loi de Moore ne peut demeurer inchangée pendant plus de 600 ans pour toute civilisation, aussi développée technologiquement soit-elle. Moore, lui, ne lui donnait pas plus de 10 ans, au moment où il faisait cette prédiction.

1971
ANGLETERRE

LA THÉORIE DE HAWKING SUR LES TROUS NOIRS

Stephen Hawking (né en 1942)

Durant les premiers instants du Big Bang, qui marquèrent la naissance de l'univers, certaines zones furent obligées de se contracter plutôt que de s'étendre, du fait des turbulences. Ceci pourrait avoir compressé la matière en trous noirs de quelques micromètres à un mètre de diamètre (et de quelques milligrammes à la masse d'une grosse planète). Cette multitude de mini-trous noirs pourrait encore exister aujourd'hui, y compris à l'intérieur du système solaire, voire être en orbite autour de la Terre.

Les mini-trous noirs n'ont pas encore été détectés; nous ne disposons même d'aucun élément d'observation tendant à prouver leur existence.

En 1974, Hawking déclara que « les trous noirs ne sont pas vraiment noirs, en réalité : ils brillent comme un corps chaud, et plus ils sont petits, plus ils brillent. » Il proposa un mécanisme suivant lequel les trous noirs pourraient transformer leur masse à la fois en rayonnement et en particules quittant le trou. Le résultat est que les trous noirs s'évaporent petit à petit et ne sont donc pas éternels. Le rayonnement, dit **rayonnement de Hawking**, qui s'en échappe, est inversement proportionnel au carré de sa masse : plus petit est le trou noir, plus courte sa durée de vie.

Hawking, un physicien éminent, est l'auteur du plus célèbre des livres de vulgarisation de notre époque : *Une brève histoire du temps : du Big Bang aux trous noirs* (1988).

Voir : La limite de Chandrasekhar, **p. 158**

L'HYPOTHÈSE GAÏA

James Lovelock (né en 1919)

La Terre fonctionne comme un super-organisme.

La vie et l'environnement sont deux parties d'un même système. La vie suscite et maintient des conditions qui lui sont propices en agissant sur l'environnement terrestre. Si le système est gravement endommagé, il peut se réparer lui-même.

Lorsque Lovelock eut l'idée extraordinaire de regarder la Terre comme un organisme vivant, son voisin, le romancier William Golding (*Sa majesté des mouches*, 1954) lui suggéra de baptiser cette hypothèse Gaïa, du nom donné par les Grecs anciens à leur déesse Terre.

Lovelock considère la Terre comme un organisme dont nous constituons une partie ; nous ne sommes ni le propriétaire, ni le gérant, ni même un passager du « vaisseau Terre », pour reprendre une métaphore obsolète. Toute espèce qui affronte l'environnement est condamnée, mais la vie, elle, continue. Il y a plusieurs années, un article sur Gaïa paru dans *New Scientist* conduisit un lecteur à s'interroger : « Le SIDA pourrait-il être la réponse de l'écosystème à une espèce voyou, *Homo sapiens*, perçue comme une menace pour la stabilité – voire la survie – du système ? ». Cette pensée « gaïenne » suscita une controverse dans les pages courrier du magazine. C'est un dessin qui eut le dernier mot, avec la légende : « Si Gaïa voulait nous faire mourir du SIDA, elle n'aurait pas créé les arbres à caoutchouc. »

L'hypothèse Gaïa rencontre beaucoup d'opposition car elle ne laisse aucune place à l'idée d'évolution (p. 98).

1974
USA

La destruction de la couche d'ozone

Franck Sherwood Rowland (né en 1927)
Mario Molina (né en 1943)

Les chlorofluorocarbures détruisent la couche d'ozone présente dans la haute atmosphère.

La couche d'ozone absorbe la majeure partie des rayonnements ultraviolets du soleil, protégeant ainsi les organismes vivant d'une portion dangereuse du spectre solaire.

Les chlorofluorocarbures (ou CFC) sont des composés chimiques de synthèse utilisés comme réfrigérants et comme agents moussants pour les polymères. Dans les années 1970, ils étaient également couramment utilisés dans les aérosols. Les CFC sont essentiellement des composés inertes : ils ne réagissent pas dans l'air, ne sont pas solubles dans l'eau de pluie, ni absorbés par les océans.

Le postulat de Rowland et Molina était que, puisqu'ils sont quasiment inertes dans la basse atmosphère, les CFC finiraient par se frayer un chemin jusqu'à la couche d'ozone, où ils seraient décomposés par la lumière solaire. Les molécules de chlore pourraient ensuite catalyser des réactions en séries dont l'effet global serait de transformer une partie de l'ozone en oxygène. Or, une couche d'ozone raréfiée laisserait passer plus d'ultraviolets vers le sol. Initialement moquée, l'hypothèse de Rowland et Molina gagna en respectabilité scientifique lorsque l'on observa un trou dans la couche d'ozone au-dessus de l'Arctique et de l'Antarctique. La plupart des pays industrialisés ont maintenant réduit leur utilisation de CFC. Rowland et Molina, avec Paul Crutzen, reçurent le prix Nobel de chimie en 1995 pour leurs travaux.

L'EXTINCTION DES DINOSAURES

Luis Alvarez (1911-1988)

Il y a quelque 65 millions d'années, un astéroïde de la taille d'une grande ville s'écrasa sur la Terre, générant un nuage de poussière qui recouvrit la planète telle une couverture, bloquant la lumière du soleil. Les changements climatiques qui en résultèrent conduisirent à l'extinction des dinosaures et de 75 % des autres espèces.

Il existe beaucoup d'autres théories sur l'extinction des dinosaures, mais celle-ci est considérée comme la plus probable.

À la fin des années 1970, Walter Alvarez (né en 1940), un géologue, découvrit par hasard des quantités considérables d'iridium, en Italie, dans une roche formée il y a 65 millions d'années, durant le règne des dinosaures. Les roches terrestres contenant très peu d'iridium – un métal aux reflets d'argent, comme le platine – Luis Alvarez, père de Walter et prix Nobel de physique, suggéra que l'iridium de la roche italienne pouvait venir de l'espace. Il prédit également que de grandes quantités d'iridium devraient être présentes, dans le monde entier, au niveau des roches formées il y a 65 millions d'années. Depuis cette prédiction, en 1980, les scientifiques ont trouvé plus de 100 couches rocheuses riches en iridium autour du globe.

Walter et Luis Alvarez conclurent qu'un astéroïde de grande taille avait percuté la Terre. Or, dans les années 1980, des géologues découvrirent un cratère d'impact de 200 kilomètres de diamètre, caché sous la surface à Chicxulub au Mexique. De nombreux scientifiques pensent aujourd'hui que l'astéroïde qui creusa ce cratère fut à l'origine de l'extinction des dinosaures.

1985
USA

Les footballènes

Robert Curl (USA, né en 1933)
Harold Kroto (Angleterre, né en 1939)
Richard Smalley (USA, né en 1943)

Une nouvelle forme de l'élément carbone, dans laquelle les atomes s'agencent en minuscules sphères creuses, semblables à des ballons de football.

À l'instar du graphite et du diamant, les footballènes sont une forme cristalline du carbone.

Les footballènes virent le jour lors d'expériences menées par Curl, Kroto et Smalley pour former de longues chaînes de carbone à partir de graphite vaporisé. Ils parvinrent effectivement à créer de longues chaînes de carbones et ils furent intrigués de voir que non seulement le carbone avait tendance à former des molécules contenant un nombre pair d'atomes, mais en outre il y avait une prédominance des groupes de soixante atomes. Qu'ont donc de spécial, se demandèrent-ils, les groupes de soixante atomes de carbone ? Pourquoi chacun de ces groupes forme-t-il une structure stable de 60 atomes ?

Kroto suggéra que la molécule de 60 atomes de carbones pouvait avoir l'apparence des dômes de verre et d'acier de l'architecte Buckminster Fuller. Le lendemain, Smalley réalisa que, en effet, 60 atomes de carbones arrangés en un emboîtement sphérique de 20 hexagones et 12 pentagones formeraient une structure particulièrement stable. Kroto et Smalley lui donnèrent un nom judicieusement long : le buckminsterfullerène, dit aussi footballène. Curl, Kroto et Smalley reçurent le prix Nobel de chimie en 1996 pour leur découverte de cette nouvelle forme de matière, qui marqua le début d'une nouvelle branche de la chimie. Les footballènes sont aujourd'hui produits en différentes tailles et différentes formes, et pour certains avec plus de 60 atomes de carbone.

L'hypothèse Ève

Allan Wilson (1943-1991)

Tous les êtres humains descendent d'une seule femme – baptisée Ève – ou, plus probablement, d'un groupe de femmes qui vécut il y a environ 200 000 ans, en Afrique.

Les scientifiques qui contestent cette hypothèse soutiennent que les humains seraient plutôt apparus il y a un million d'années et en différents points du globe.

Wilson, un spécialiste d'évolution moléculaire de l'université de Californie à Berkeley, et ses collaborateurs Rebecca Cahn et Mark Stoneking, proposèrent leur hypothèse Ève après avoir examiné l'ADN mitochondrial (ADNmt) de 147 personnes originaires d'Afrique, d'Asie, d'Europe, d'Australie et de Papouasie-Nouvelle Guinée. L'ADNmt se transmet de génération en génération par la cellule-œuf maternelle – sans aucune contribution paternelle, les mitochondries des spermatozoïdes ne survivant pas à la fécondation. L'ADNmt d'un individu lui vient donc de sa mère, de sa grand-mère et ainsi de suite. L'équipe de Wilson trouva 133 types différents d'ADNmt, qu'ils utilisèrent pour tracer un arbre d'évolution reliant ces types les uns aux autres : leur arbre présentait un ADNmt ancestral commun.

D'autres scientifiques ont découvert que tous les hommes du monde ont un segment d'ADN identique sur leur chromosome Y. Cette observation les conduit à penser que tous les chromosomes Y – hérités de père en fils et correspondant donc au versant masculin de l'histoire – partagent un ancêtre commun qui remonterait à environ 270 000 ans.

1991
ANGLETERRE

LA TOILE DE BERNERS-LEE

Tim Berners-Lee (*né en* 1955)

La Toile (World Wide Web, www) est un système d'information graphique, fondé sur les liens hypertextes, sur le réseau Internet.

L'extension colossale de la Toile a atteint les trois objectifs de son créateur : (1) mettre à portée de main de tout un chacun des informations actualisées, (2) créer un espace d'information auquel tout le monde puisse accéder et contribuer, et (3) créer des agents capables d'intégrer l'information disponible.

Dans les années 1980, alors qu'il travaillait au CERN, le centre européen de physique des particules basé à Genève, Berners-Lee développa un langage de programmation simple qu'il baptisa HTML pour *HyperText Markup Language* (langage de marquage hypertexte). Le HTML contient des éléments de code simples (par exemple, ce texte contient des mots en <b> **gras** </b> et en <i> *italique* </i>) utilisés pour mettre le texte en forme et insérer des images, et des données audio ou vidéo. Il conçut aussi un protocole (HTTP, *HyperText Transfer Protocol*, protocole de transfert hypertexte) pour déplacer les fichiers sur Internet, et un système d'adresse (URL, *Uniform Resource Locator*, localisateur uniformisé de ressources) permettant de localiser les fichiers sur Internet. Il n'avait plus alors besoin que d'une interface de visualisation des fichiers HTML. Il conçut un navigateur élémentaire et, en 1991, dévoila ses résultats sur les ordinateurs du CERN. On connaît la suite.

Berners-Lee ne breveta jamais son invention. En 2004, il reçut le premier Prix des Technologies du Millénaire (doté de 1,2 million de dollars), décerné pour des accomplissements technologiques extraordinaires contribuant à améliorer la qualité de la vie.

L'hypothèse de la conscience

Francis Crick (1916-2004)

Nous ne pouvons parvenir à une véritable compréhension de la conscience en traitant le cerveau comme une boîte noire. Seul l'examen des neurones et de la structure interne qui les relie pourra permettre aux scientifiques d'accéder au type de savoir nécessaire pour créer un modèle scientifique de la conscience.

En bref, la conscience (ou l'âme) n'est rien d'autre qu'un réseau complexe de neurones.

Le philosophe et mathématicien français René Descartes (1596-1650) pensait que l'esprit (quelque chose d'immatériel contenant l'essence d'un être humain) était distinct du cerveau mais interagissait avec lui d'une certaine manière. Certains scientifiques demeurent attachés à l'idée de Descartes d'une indépendance entre âme et cerveau, mais beaucoup pensent aujourd'hui qu'il est plus probable de parvenir à expliquer tous les aspects de l'âme – y compris la conscience subjective et immédiate de nous-mêmes et du monde – d'une manière plus matérialiste, à travers le comportement des 50 milliards de neurones du cerveau.

Jusque récemment, les neurologues et les psychologues laissaient de côté l'étude de la conscience : c'était un problème considéré soit comme « philosophique » soit comme trop difficile pour être étudié expérimentalement. Mais des travaux récents par Crick (*cf.* la double hélice de l'ADN, p. 176) et d'autres ont attiré l'attention sur la quête d'une explication de la manière dont les processus cérébraux créent l'état de conscience. Mais peut-être ne trouvera-t-on jamais de réponse… Crick publia son hypothèse dans son livre *The Astonishing Hypothesis : The Scientific Search for the Soul* (1994).

1995
ANGLETERRE

LA THÉORIE DE LA TARTINE BEURRÉE

Robert Matthews (né en 1959)

Une tartine beurrée tombant d'une assiette ou d'une table a naturellement tendance à tomber par terre du côté beurré.

Voici un élément de preuve de premier choix pour la loi de Murphy (en tout cas d'après Matthews).

Matthews, physicien à l'université d'Aston, en Angleterre, écrivait dans un article de recherche très fourni intitulé « *Tumbling Toast, Murphy's Law and the Fundamental Constant* » paru dans le *European Journal of Physics* (16 juillet 1995) : « Les tartines ont effectivement tendance à tomber sur leur face beurrée, essentiellement parce que le couple gravitationnel induit lorsque la tartine bascule sur le bord de l'assiette ou de la table ne suffit pas à ramener la face beurrée au-dessus avant que la tartine n'atteigne le sol. » Cet argument était étayé par cinq pages de calcul. Ses résultats extraordinaires sur le comportement des tartines beurrées valurent à Matthews le prix Ig-Noble de physique 1996 (une parodie du prix Nobel).

En 2001, Matthews entreprit de vérifier sa théorie expérimentalement. Quelque 1 000 écoliers britanniques participèrent aux expériences, réalisant 9 821 lâchers de tartine, parmi lesquels 6 101 résultèrent en une chute sur la face beurrée. « Et ainsi, Robert Matthews démontra à la fois expérimentalement et analytiquement que la nature a horreur du vide laissé par l'aspirateur », déclarèrent les nobles jurés du prix Ig-Noble. Vous pouvez maintenant décider par vous-mêmes : la loi de Murphy (p. 173) est-elle une légende urbaine ou une loi scientifique ?

LE CLONAGE DES MAMMIFÈRES

Ian Wilmut (*né en* 1944)

Il est possible de cloner un mammifère à partir de tissus adultes.

Les clones sont des individus génétiquement identiques issus d'un même parent par reproduction non sexuée. Des grenouilles et d'autres animaux furent clonés dès les années 1950, mais la première expérience réussie de clonage d'un mammifère n'eut lieu qu'en 1996.

Wilmut et son équipe de l'Institut Roslin près d'Édimbourg, en Écosse, prélevèrent des cellules sur les glandes mammaires d'une brebis adulte. Ils prirent ensuite des cellules-œufs d'une autre brebis, en extirpèrent les noyaux (contenant l'ADN) et les remplacèrent par les noyaux des cellules mammaires à l'aide d'impulsions électriques. Le processus permit de remplacer l'ADN des cellules-œufs par le matériel génétique des tissus mammaires. Les 277 œufs clonés furent mis en culture et 29 devinrent des embryons. Ils implantèrent ces embryons chez 13 femelles jouant le rôle de mères porteuses. Cinq mois plus tard, un agneau vint au monde : Dolly, qui n'avait pas de père et dont les gènes provenaient intégralement d'une brebis. Dolly mourut en 2003.

En 2000, l'équipe de Wilmut déposa le premier brevet de clonage. L'expérience de clonage d'un mammifère a depuis été reproduite avec succès sur d'autres espèces de mammifères, dont la vache et le porc. Ces expériences montrent qu'il est possible de cloner un être humain, bien que les implications théologiques, éthiques, morales et sociales soient considérables.

1998
USA

La théorie de la Terre boule-de-neige

Paul Hoffman (né en 1942)

Il y a environ 600 millions d'années, la Terre entra dans un hiver si extrême qu'elle fut couverte d'une couche de glace de plus d'un kilomètre d'épaisseur. Cet état boule-de-neige dura des millions d'années. C'est le choc le plus sévère que la Terre ait connu. En comparaison, les ères glaciaires n'ont été que de brefs épisodes hivernaux.

Cette théorie est une des plus controversées en sciences de la Terre, car elle remet en cause l'idée communément admise que les changements sont très lents dans l'histoire de la Terre.

La température de la Terre finit par augmenter, à mesure que l'accumulation de gaz volcaniques transformait l'atmosphère en serre. En l'espace de quelques siècles, la glace fondit et le climat terrestre devint chaud et humide. Une fois cette chaleur dissipée, des formes de vie complexe se développèrent dans une glorieuse profusion, au cours de ce que l'on a baptisé la Grande Explosion du Cambrien.

La théorie de la Terre boule-de-neige fut avancée pour la première fois dans les années 1960, et, en 1992, Joe Kirschwink, un paléontologue américain, lui donna ce nom. Mais Hoffman, d'origine canadienne, est véritablement le maître d'œuvre et le héraut de cette théorie, qui permet d'après lui de se débarrasser de tout un tas de mystères inexpliqués.

Je sais que c'est une idée qui paraît un peu radicale, avoue Hoffman. Mais cette théorie explique si bien toutes les observations que nous avons qu'il faut bien penser que nous sommes sur la bonne voie.

LA THÉORIE DE TOUT

Physiciens du monde entier

Un nom en forme de clin d'œil pour un modèle mathématique qui engloberait et expliquerait la totalité du monde physique.

Découverte non encore annoncée. Depuis des décennies, tels des chevaliers en quête d'un Graal visionnaire, des physiciens du monde entier cherchent une théorie unique qui serait une théorie unifiée des particules et des forces élémentaires.

Les particules élémentaires sont les briques fondamentales de la matière, Les électrons, les protons et les neutrons sont les particules les mieux connues.

Selon le modèle standard (p. 186), la cohésion de l'univers est assurée par quatre forces fondamentales. La *gravitation* est la force à longue portée : elle maintient les chaises par terre et les planètes sur leurs orbites. La *force électromagnétique* est l'attraction ou la répulsion entre des particules chargées : elle permet aux ampoules de briller et aux escaliers mécaniques de monter. La *force forte* assure la cohésion des noyaux atomiques : elle lie protons et neutrons ensemble à l'intérieur du noyau. La *force faible* est également une force nucléaire : elle est la cause de l'éjection de particules élémentaires en dehors du noyau lors de la désintégration radioactive d'éléments comme l'uranium. Les intensités de ces forces diffèrent beaucoup. Par ordre d'intensité : force forte, force électromagnétique, force faible et gravitation. La force forte est 100 fois plus forte que la force électromagnétique qui est elle-même 6 milliards de milliards de milliards de milliards (1 suivi de 36 zéros) de fois plus forte que la gravitation.

Après la publication en 1915 de sa théorie de la relativité générale (p. 140), expliquant la gravitation, Einstein essaya de lier gravitation et force électromagnétique, mais en vain. Dans les années 1970, d'autres physiciens montrèrent que la force faible et la force électromagnétique pouvaient être considérées comme deux aspects d'une même force électrofaible. Les théories qui tentent d'incorporer la force forte dans cette combinaison sont dites **théories de grande unification** (TGU). Mais l'ajout de la dernière force, la gravitation, tient les physiciens en échec depuis longtemps.

Une brèche avait semblé s'ouvrir dans les années 1980, quand des physiciens proposèrent de tout décrire en termes de supercordes : des cordes inimaginablement fines, s'enroulant sur elles-mêmes et si petites que si 1 million de milliards de milliards de milliards (1 avec 33 zéros derrière) d'entre elles étaient mises bout à bout, elles ne feraient que 1 cm de long. Outre la **théorie des supercordes**, il existe bon nombre d'autres théories de tout, mais aucun consensus ne se dégage.

Albert Einstein

Les physiciens sont toujours en quête de leur Graal; comme les chercheurs des autres disciplines. La quête du savoir continue. Einstein dit un jour : « À mesure que s'élargit le cercle de lumière, de même s'élargit le cercle obscur qui l'entoure. » Le cercle toujours plus vaste de notre savoir sera toujours cerné par les ombres.

Voir : Les quarks de Gell-Mann, **p. 186**

LES DEVINETTES DE FERMI

Enrico Fermi (1901-1954)

Des questions résolues à partir d'approximations grossières, d'intuition et d'estimations basées sur une très faible quantité de données.

La réponse à une telle devinette se trouve grâce à des hypothèses raisonnables et non en s'appuyant sur les connaissances précises aboutissant à une réponse exacte.

Fermi, grand savant italien des temps modernes, fut contraint de quitter l'Italie peu après avoir reçu le prix Nobel de physique 1938 pour ses travaux sur les processus nucléaires. Il partit pour les États-Unis, où il construisit en 1942 le premier réacteur nucléaire de l'histoire.

Fermi aimait beaucoup poser des questions improbables sur certains aspects du monde naturel. Quelques exemples classiques de devinettes de Fermi : Combien y a-t-il d'accordeurs de piano à Chicago ? Combien d'atomes pourraient raisonnablement être considérés comme étant sous juridiction américaine ? Quelle distance peut parcourir un corbeau en volant ? Vous pouvez en trouver beaucoup d'autres sur Internet. Pendant que vous cherchez, combien de timbre à l'effigie de Fermi faudrait-il pour recouvrir toutes les pages de ce livre ? Voyez, on peut inventer soi-même ses propres devinettes de Fermi.

Le timbre américain édité à l'occasion du 100e anniversaire de la naissance de Fermi – le 29 septembre 2001.

Annexe

La démarche scientifique

« Les principes et les lois de la science ne se trouvent pas à la surface de la nature », écrivait le philosophe américain John Dewey dans son livre *Reconstruction in Philosophy* (1920). « Ils sont dissimulés et doivent être arrachés à la nature par une technique de recherche dynamique et élaborée. »

C'est cette « technique de recherche » – plutôt que des faits et des résultats – qui rend la science unique. À quelques exceptions près, la méthode scientifique suit la séquence suivante :

1. observations et recueil de données ;
2. formulation d'une hypothèse pour expliquer les observations ;
3. expériences pour tester l'hypothèse ;
4. formulation d'une théorie ;
5. confirmation expérimentale de la théorie ;
6. confirmation mathématique ou empirique de la théorie qui devient une loi scientifique ;
7. utilisation de la loi scientifique pour prédire le comportement de la nature.

La démarche scientifique est un jeu continu entre observations et hypothèses : les observations conduisent à de nouvelles hypothèses, qui induisent de nouvelles expériences, qui contribuent à modifier les théories existantes.

Un peu de terminologie scientifique

Hypothèse : Explication potentielle de faits observés. Une hypothèse doit pouvoir être testée. Toute théorie ou loi scientifique est d'abord une hypothèse. Une hypothèse peut être confirmée par des expériences, qui sont des observations sous des conditions parfaitement contrôlées. Lorsque des observations ou des données expérimentales contredisent une hypothèse, il faut la modifier ou l'abandonner.

Théorie : Une théorie est une hypothèse validée par des expériences, et à laquelle ont été trouvées des exceptions. Une théorie peut être utilisée pour prédire des phénomènes.

Loi scientifique : Une théorie vérifiée mathématiquement. Une loi, comme par exemple la loi de la gravitation universelle de Newton, est un énoncé concis et précis relatif au comportement de la nature, et conférant une unité à un grand nombre d'observations. Pour des énoncés moins généraux, comme le principe d'Archimède par exemple, on préfère le terme de principe scientifique.

Modèle : Une représentation visuelle ou mathématique d'un ensemble particulier de phénomènes. Un modèle peut être mathématique ou physique. Un modèle mathématique comprend des équations et des règles qui reflètent ce qui se passe au cours d'un événement réel. Un modèle physique représente un objet réel. Un modèle n'est jamais parfait et les scientifiques actualisent continuellement leurs modèles sur la base de nouvelles observations.

Règle : Une marche à suivre en terme de méthode ou de procédure.

Postulat : Un principe ou une proposition généralement accepté.

Axiome : Une proposition de départ indémontrable.

Théorème : L'énoncé d'une vérité mathématique, accompagné de ses conditions de validité.

Système : Une partie du monde matériel que les scientifiques choisissent d'étudier. Par exemple, les astronomes étudient les étoiles et le système solaire ; les biologistes les organismes vivants ; les géologues les roches et les minéraux.

Paradoxe : Une proposition qui paraît absurde ou contradictoire mais qui est ou peut être vraie.

Équation : Une équation explicite la relation entre plusieurs grandeurs. Par exemple, la célèbre équation d'Einstein, $E = mc^2$, explicite la relation entre énergie (E) et masse (m), la vitesse de la lumière (c) étant une constante fondamentale. Une constante fondamentale apparaît dans la relation entre deux ou plusieurs grandeurs et ne change jamais de valeur.

Science et pseudoscience

La pseudoscience est un ensemble d'idées et de croyances, comme l'astrologie ou la télépathie, qui se font passer pour de la science mais n'ont que peu sinon aucun rapport avec la démarche scientifique. Les théories scientifiques sont sans cesse remises à jour et élargies, tandis que les idéologies pseudo-scientifiques demeurent inchangées.

L'éminent spécialiste de biologie mathématique J. B. S. Haldane (1892-1964), d'origine écossaise, décrivait ainsi en quatre étapes le processus de reconnaissance d'une idée scientifique : (1) c'est une absurdité dénuée de toute valeur ; (2) c'est un point de vue intéressant mais tordu ; (3) c'est vrai mais sans grand intérêt ; (4) je l'ai toujours dit. (Journal of Genetics, 1963, vol. 58, p. 464).

Index

D

E

F

T

Pour l'éditeur, le principe est d'utiliser des papiers composés de fibres naturelles, renouvelables, recyclables et fabriquées à partir de bois issus de forêts qui adoptent un système d'aménagement durable.
En outre, l'éditeur attend de ses fournisseurs de papier qu'ils s'inscrivent dans une démarche de certification environnementale reconnue.

52594-(I)-(4,5)-OSB 90°-SCM-MLN
Dépôt légal : octobre 2009
Imprimé en France par I.M.E. - 25110 Baume-les-Dames